女装纸样
设计与工艺

主　编　常　元　杨　旭
副主编　韩　卓　李　君
　　　　王静芳
参　编　孙福多　李忠刚
　　　　王　帅

北京理工大学出版社
BEIJING INSTITUTE OF TECHNOLOGY PRESS

内容提要

本书对接服装生产领域核心岗位制版师，涵盖半裙、裤装、连衣裙、衬衫、外套、风衣、大衣等类别服装纸样设计与制作的相关内容，包括面料选择、成衣规格设计、纸样设计、裁剪制作、缝制质量要求等。本书以纸质教材为基础，运用现代多媒体技术呈现核心知识点、技能点，形成专项—综合—职业—岗位能力的递进突破，最后用企业版师的案例再现工作标准，并配备大量的实训内容、职业资格测试题，实现做学训一体、岗课赛证融通。

本书可作为高等院校服装专业教材，也可作为服装生产技术人员、服装爱好者的参考书。

图书在版编目（CIP）数据

女装纸样设计与工艺 / 常元，杨旭主编.--北京：
北京理工大学出版社，2024.1
ISBN 978-7-5763-3586-6

Ⅰ.①女… Ⅱ.①常…②杨… Ⅲ.①女服－纸样设计 Ⅳ.①TS941.717

中国国家版本馆CIP数据核字（2024）第045665号

责任编辑：王晓莉	文案编辑：王晓莉
责任校对：刘亚男	责任印制：王美丽

出版发行 / 北京理工大学出版社有限责任公司
社　　址 / 北京市丰台区四合庄路6号
邮　　编 / 100070
电　　话 / （010）68914026（教材售后服务热线）
　　　　　　（010）63726648（课件资源服务热线）
网　　址 / http：//www.bitpress.com.cn

版 印 次 / 2024年1月第1版第1次印刷
印　　刷 / 河北鑫彩博图印刷有限公司
开　　本 / 889 mm×1194 mm　1/16
印　　张 / 14
字　　数 / 392千字
定　　价 / 89.00元

FOREWORD
前言

党的二十大报告明确指出，推动制造业高端化、智能化、绿色化发展，巩固优势产业领先地位。构建新一代信息技术、人工智能、生物技术、新能源、新材料、高端装备、绿色环保等一批新的增长引擎，把我国建设成为综合国力和国际影响力领先的社会主义现代化强国。

功以才成，业由才广。以社会主义核心价值观为引领，落实立德树人是教育的根本任务。加强教材建设，践行"三教"改革，是实施科教兴国战略，强化现代化人才建设的有力支撑。

随着时代发展、技术革新，纺织服装行业迎来 5G 发展新纪元。女装纸样设计上承服装款式设计，下接服装数字化生产，是现代化服装品牌战略和转型升级的重要环节，也是生产技术的核心内容。对接岗位人才的培养在传统教学中存在一定的困难：服装的款式丰富，结构变化千差万别，学生们往往会模仿，但欠缺灵活变化应用的能力；理论知识的学习跟实际生产脱节，与岗位适配度不高等。鉴于此，本书还原版师工作过程，对接新技术、新方法，提取典型项目，配备平台课程和数字化资源，实现互助、自主、补充学习需求，做到"知结构，懂原理，会操作，明标准"，体现"以人为本"；适应服装实践技能的主要特征，通过前沿技术导入、在线资源呈现和反复训练，分解重难点，突出关键环节，同时，结合企业工作流程标准，按照企业规范进行岗位训练。同时，本书深度挖掘服装行业的价值观、诚信教育、审美教育及职业观教育课程思政元素，弘扬了中华民族优秀的传统文化和工匠精神，实现了"德技并修，育训并举"。

本书的工艺制作部分由行业技术能手完成，由于服装的单件制作与服装企业成衣的工业化流水生产在环境上、加工条件上存在一定差异，兼顾教学过程和实训学习的可操作性，与数字化生产可能有一定的差异。

本书涵盖半裙、裤装、连衣裙、衬衫、外套、风衣、大衣等类别服装纸样设计与制作的相关内容，包括面料选择、成衣规格设计、纸样设计、裁剪制作、缝制质量要求等。本书设置学习目标、任务拓展、华服课堂、企业案例等模块，促进学生专业素养的综合提升。

本书项目一、项目五、项目八由杨旭编写，项目二由韩卓编写，项目三由李君编写，项目四、项目七由常元编写，项目六由王静芳编写，企业数字资源由孙福多、王帅两位企业资深版师完成，工艺制作视频由"全国十佳制版师"李忠刚完成，款式图由高澜心、李振斌、张琼予、赵幻溪、史修琪等几位同学完成，在此一并表示深深的感谢。

由于时间仓促，编者水平有限，书中难免存在疏漏之处，敬请广大读者批评指正。

编 者

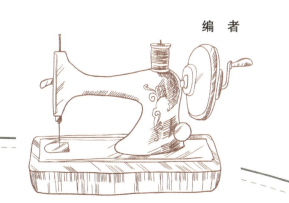

CONTENTS
目 录

项目一 ✂
女装纸样设计基础知识

主要内容

对应《服装制版师国家职业技能标准（2019年版）》的技能要求和相关知识要求，学习女装纸样设计中涉及的相关概念、常用工具与符号、纸样部位名称、人体测量、放松量、女装基本原型、省道转移等基础知识，掌握女装纸样设计的基本规则。

学习重点

人体结构知识，服装相关的名词术语和规则。

学习难点

人体原型与人体的对应关系，省道构成和转移原理。

学习目标

1. 理解相关名词术语、基本概念、规则；
2. 掌握人体测量方法，能根据测量知识进行规格加放；
3. 能根据原型制作方法，利用成衣规格制作原型；
4. 能根据省道转移的原理与方法进行省道的变化；
5. 培养脚踏实地的学习习惯，养成学习自觉性，树立"为行业发展，为民族复兴"的远大目标，打好坚实的专业基础。

女装纸样设计是指针对所确定的女装款式，将此款服装中各衣片的形状及相对关系，用定量的图解表现出来。所有的图解也被称作结构图，纸样设计也被称作结构设计。纸样设计要满足款式设计的造型要求，同时纸样设计也是指导缝制、制定工艺标准的依据。

女装纸样设计的方法主要包括平面裁剪法和立体裁剪法。平面裁剪法适用于常规款式的纸样设计，被广泛应用；平面裁剪法又分为比例法和原型法，因使用习惯的不同而采用不同的方法。随着计算机技术的发展，服装 CAD 系统也应用于女装纸样设计，极大地提高了生产效率。立体裁剪法适用于造型设计和局部的特殊设计，能够更加直观地看到成型的立体效果，也在越来越多地应用于纸样设计中；基于服装纸样设计技术的提升，平面、立体裁剪结合的方式逐渐为制版师所采纳。

本书中应用原型法和服装 CAD 系统进行女装纸样设计的结构图绘制。

任务一　相关概念

（1）服装设计：广义上，服装设计的内容丰富且宽泛，是涵盖了服装款式设计、结构设计、工艺设计内容的总称，包含服装这一学科的所有内容。狭义上，服装设计常与款式设计同义，也常用于服装学科里的某一专业方向，与服装工程、服装表演等专业并列。

（2）服装效果图：是表达服装款式设计思想的设计图，重在服装穿着效果、色彩搭配、造型比例的表现。

（3）服装款式图：是表达服装结构设计思想的设计图，以单线条的形式表现，重在服装内外结构、工艺效果等的表现，可含有细节说明。

（4）裁剪图：是指能够应用于裁剪生产的服装纸样设计结果。在工业生产中，一般还要经过加放缝份、推版等工序处理。

（5）工艺流程：是指在服装生产中，从面辅料投入到制出成品，通过一定生产设备、生产渠道、工艺制作等连续地进行加工的过程。

（6）成衣：是指依据一定标准进行工业化批量生产，并按号型销售的成品服装。"成衣"是相对于在裁缝店定制及家庭自制的单件服装而言的。成衣普及率的高低反映着一个国家或地区的工业化生产水平及消费结构。成衣规格是服装制作出成品以后各个控制部位的尺寸，是最终要达到的规格目标，在成衣生产中是成系列出现的。

（7）国家标准：是指对全国经济、技术发展有重要意义，由国家标准化主管机构批准、发布，在全国范围内统一使用的标准。我国的国家标准代号是"GB""GB/T"，分别是强制性标准、推荐性标准。行业、企业在国家标准的基础上，再根据实际需求制定更严格的相关标准。

（8）基础线：包括服装结构制图中的水平线、垂直线、框架线、辅助线等，如上平线、后中线、尺寸线等。基础线运笔时要较轻，线条较细。

（9）结构线：包括服装结构制图中，表示衣片外部形状、内部结构的线条。结构线略粗，要求光滑、圆顺，如袖窿弧线、侧缝弧线、口袋等。

（10）省道：为使衣片符合人体曲面造型而在纸样或面料上去除的部分称为省道。换言之，收省是能够使平面的面料作出立体造型的方法之一，可以作出人体不同部位曲面的形状。

（11）褶：为作出人体的曲面造型而在面料上折叠的部分为褶。做褶也是能够使平面的面料作出立体造型的方法。褶可以是单褶或对褶，褶在内部，称为内工褶；褶在外部，称为外工褶；褶较多、均匀，且倒向一致，称为百褶或顺风褶。

（12）吃势：又称为容位，就是把某一部位归缩短，便于造型或制作工艺需要。如西服的袖山部位通常需留 4 cm 左右作为袖山造型的吃势量，裙子腰节部位留 2 cm 作为工艺吃量。

（13）搭门：属于服装的开口结构，两片衣片互相搭合的部分称为搭门，处于外层的为门襟，处于内层的为里襟。

（14）缝份：又称为缝口、缝头，服装衣片所需缝纫的宽度，即缝线外所留出的布边。服装结构图也可称为"净版"，加放缝份之后可称为"毛版"。

（15）剪口：是在缝份的边沿作出的小缺口，深度常为缝份宽的 1/3，作为缝制时定位和对位的标记。在用纸张制版时，经常用剪口钳剪一小 U 形或 V 形缺口，作为剪口；而在裁剪面料时，经常由手动裁剪机或自动裁床切出小的切口，作为剪口。

任务二　常用工具与符号

一、主要工具

（1）软尺：用于测量人体数据，也可测量曲线长度。两面都有刻度，分别以厘米、英寸或市寸为单位，如图 1-1 所示。

（2）自动铅笔：绘制结构图或样板时一般用 0.5 mm 或 0.7 mm 的自动铅笔；修正线宜选用彩色铅笔，如图 1-2 所示。

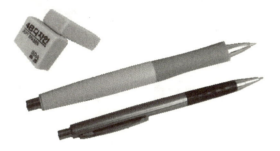

图 1-1　软尺　　　　　　　　　　　　图 1-2　自动铅笔和橡皮

（3）橡皮：用于擦掉制图中的错误之处，以调整结构图，如图 1-2 所示。

（4）绘图纸：用于绘制不同比例、用途的纸样，包括白纸、牛皮纸、硫酸纸等纸张。

（5）比例尺：在结构设计中，除进行 1：1 制图外，还常进行各种放大或缩小比例的制图。比例尺的刻度按长度单位缩小或放大若干倍，提高制图速度。有不同比例的比例尺供绘图者选择使用，常用的比例有 1：5、1：2 等，如图 1-3 所示。

（6）直尺：用于绘制及测量直线。方眼定规尺用较软的透明塑料制成，可画平行线、净样板外加缝头等，长度为 30 ～ 60 cm。20 ～ 30 cm 的直尺用于绘制小比例的结构图，如图 1-3 所示。

（7）曲线板：用于画各种曲线。有各种弧度的曲线板，可应用于不同的部位，如侧缝、袖缝、袖窿、袖山、裆缝等，如图 1-3 所示。

（8）三角板：用于画垂线或直角，也可当作直尺使用或绘制特殊角度，如图 1-3 所示。

（9）擦图片：由薄金属片制成的薄形图板，用于擦拭多余及需更正的线条，能够遮挡欲保留的图线、图形不被擦掉，如图 1-4 所示。

（10）量角器：用于绘制和测量夹角，如图 1-4 所示。

| 图 1-3 1:1 和 1:5 比例的尺子 | 图 1-4 擦图片和量角器 |

（11）剪刀：用于纸样和面料的剪切，如图 1-5 所示。

（12）透明胶带：用于纸样的粘贴、拼补等，如图 1-5 所示。

（13）滚轮：用于复制纸样。在制图线上滚动，能够在下层留下针眼状印记，通过描点又得到一份纸样设计图，如图 1-5 所示。

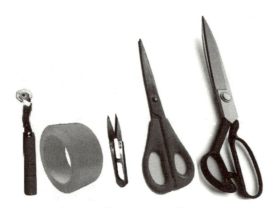

图 1-5 剪刀、透明胶带和滚轮

二、常用符号代号

1. 常用制图线型

常用制图线型在服装结构制图中要画得干净、清晰、肯定（表 1-1）。

表 1-1 常用制图线型

序号	线型	名称	用途
1	——————	粗实线	结构图绘制后的外部封闭轮廓线、内部分割线、部件的轮廓线，粗细约 0.5 mm
2	——————	细实线	基础线、尺寸线和尺寸界线、辅助线（画得要轻且细）
3	— — — — — —	虚线	处于下层的轮廓线、缝纫明线
4	—·—·—·—·	点画线	对折线、翻折线（两端要以线结束）

2. 常用制图符号

常用制图符号见表 1-2。

表 1-2 常用制图符号

序号	图形	名称	用途
1	⋁ ◇	省道	表明要拆掉或缝尽的部分，包括省道的大小、长度、形状等

续表

序号	图形	名称	用途
2		褶裥	表明要进行折叠的部分，也可称为"活褶"。褶裥分为单褶和对褶。其斜线的方向表示褶裥的倒向
3		碎褶	表明要进行抽缝的部分，形成小型连续的立体状态褶裥，褶量的多少决定了完成后碎褶的疏密程度
4		等量符号	表示若干要素长度相等。同一纸样设计图中有多组不同的要素等长，就要选择不同形状的等量符号来表示
5		等分符号	表示将某线段进行等分
6		直角	表示两要素相互垂直呈90°
7	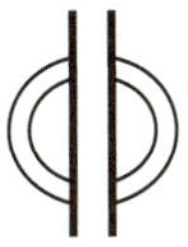	对接符号	表示两片纸样要合并为一个整体
8		重叠	表示两部件相互重叠且长度相等
9	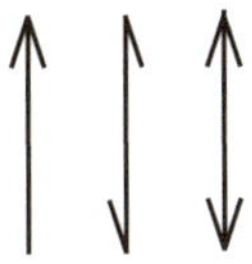	纱向	表明经纱方向，单箭头表示面料的排放有方向性。其一般用于服装的长度方向
10		归拢	表示需要熨烫归拢的部位
11		拔开	表示需要熨烫拉伸的部位
12		缩缝	表示布料缝合时按照定量进行收缩缝制
13		扣位	表示钉纽扣的位置
14		眼位	表示锁扣眼的位置和大小

3. 常用部位代码

常用部位代码通常都是相应部位英文的首字母（表1-3）。

表1-3　常用部位代码

序号	部位	英文	代码
1	长度	Length	L
2	胸围	Bust Girth	B
3	腰围	Waist Girth	W
4	臀围	Hip Girth	H
5	领围	Neck Girth	N
6	肩宽	Shoulder	S
7	袖长	Sleeve Length	SL
8	胸高点	Bust Point	BP
9	肩端点	Shoulder Point	SP

序号	部位	英文	代码
10	颈侧点	Side Neck Point	SNP
11	前颈点	Front Neck Point	FNP
12	后颈点	Back Neck Point	BNP
13	前中线	Front Center	FC
14	后中线	Back Center	BC
15	胸围线	Bust Line	BL
16	腰围线	Waist Line	WL
17	臀围线	Hip Line	HL
18	中臀线	Middle Hip Line	MHL
19	肘围线	Elbow Line	EL
20	膝围线	Knee Line	KL
21	袖窿	Arm Hole	AH

任务三　服装纸样部位名称

一、裙子纸样的部位名称

裙子纸样的部位名称如图 1-6 所示。

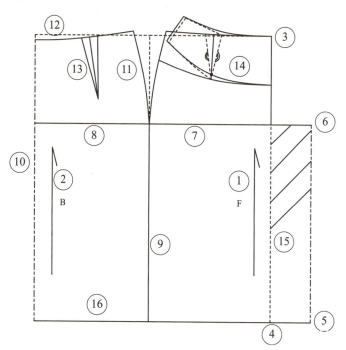

图 1-6　裙子纸样的部位名称

1—前片；2—后片；3—上平线；4—前中线；5—下平线；6—臀围线；7—前臀大；8—后臀大；9—侧缝直线；
10—后中线；11—侧缝弧线；12—腰口弧线；13—腰省；14—育克；15—活褶；16—下摆

二、裤子纸样的部位名称

裤子纸样的部位名称如图1-7所示。

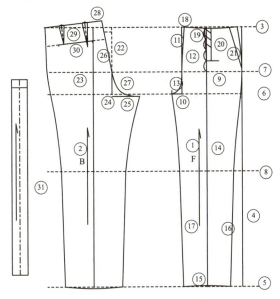

图 1-7　裤子纸样的部位名称

1—前片；2—后片；3—上平线；4—侧缝直线；5—下平线；6—横裆线；7—臀围线；8—中裆线；9—前臀大；10—前（小）裆大；
11—前中直线；12—前中弧线；13—前（小）裆弧线；14—烫迹线；15—脚口线；16—下裆线；17—侧缝线；18—前中劈势；
19—前腰口线；20—活褶；21—斜插袋；22—后中直线；23—后臀大；24—落裆线；25—后（小）裆大；26—后裆斜线；
27—后（小）裆弧线；28—后腰口线；29—腰省；30—后挖袋；31—腰头

三、衬衫纸样的部位名称

衬衫纸样的部位名称如图1-8所示。

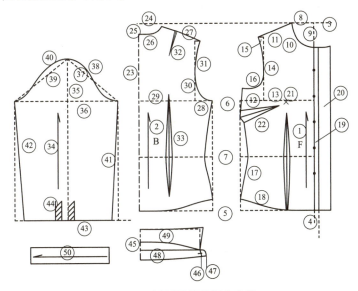

图 1-8　衬衫纸样的部位名称

1—前片；2—后片；3—上平线；4—前中线；5—下平线；6—胸围线；7—腰围线；8—前领宽；9—前领深；10—前领窝；11—前小肩；
12—前胸大；13—前胸宽；14—胸宽线；15—冲肩；16—前袖窿；17—侧缝；18—下摆；19—搭门（通常右门襟，左里襟）；20—贴边；
21—胸高点；22—腋下省；23—后中线；24—后领宽；25—后领深；26—后领窝；27—后小肩；28—后胸大；29—后背宽；30—后宽线；
31—后袖窿；32—肩省；33—腰省；34—袖片；35—袖中线；36—袖根肥线；37—前袖山斜线；38—前袖山曲线；39—后袖山斜线；
40—后袖山曲线；41—前袖缝线；42—后袖缝线；43—活褶；44—袖口线；45—后中线；46—前中线；47—止口线；48—底领；
49—翻领；50—袖头

任务四　人体测量

一、人体测量的相关知识

　　人体测量是保障服装行业设计与生产顺利进行的基础性工作，是服装人体工学的重要分支。测量人体数据，能够对人体体型有正确、客观的认识，使服装造型符合人体；能够使各部位的尺寸有可靠的依据，确保服装适合人体；所测数据能够应用于服装领域的研究与生产中，制定号型系列及档差标准。

　　与服装相关的人体测量方法有两类，即直接测量法和间接测量法。直接测量法采用的工具较为简单、便捷，实施起来方便，并且能够获得常规的应用数据。目前，我国的人体测量以直接测量法为主。应用直接测量法可以测量长度、围度、宽度和成品规格；可以测量体表特征点的三维坐标数据，如对体表凸点和体表角度的测量，较好地判断人体外观状态和形状；也可以测量人体的活动范围，有助于设计服装的活动松量。现行的国家服装人体测量和号型标准等，在借鉴人类学和工效学知识及理论的基础上确定人体测量项目，人体测量方式就是以直接接触测量进行。

　　女体手工测量，通常采用的工具是腰围带、软尺、记录纸与笔。其中腰围带是为了进行参照定位，确保腰围线维持在水平状态。肩斜角度的测量可采用如图1-9所示的肩斜测量仪，直接测量出肩斜的平均角度。

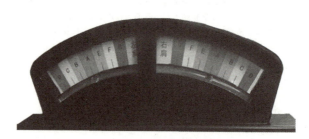

图1-9　肩斜测量仪

　　在测量之前，要对被测量对象认真观察，确认其体型特征。测量时，要求测量者站于被测量对象的前侧方，持软尺时尽量以手背朝向所测对象，按照顺序，快速而准确地测量，并作好记录。注意软尺的松紧要适度，测量围度时，以放入两根手指，并能轻轻转动软尺为适宜。被测量对象应尽可能地穿着内衣，两臂自然下垂站立，身体不得随意扭动。

　　经测量所得的数据一般为人体净尺寸。

二、人体测量的基准点

　　基准点的选择，多在骨骼的端点、凸出点，或者肌肉的凸出点及凹进部位等。基准点所位于的相应直线或曲线，即基准线。各处的基准线根据不同的情况，有相应的方向和形状。

　　为了测量结果准确，可以先在基准点处粘贴较细小的标志线，标记出测量的基准点。在腰围线上，可以系一根细绳，用以做腰围的基准线。

　　（1）头顶点：人体头部的最高点，位于人体中心线上。

　　（2）前颈点：颈部前窝处的中心点，因正位于人体正面的中心线上，也称颈中点。

　　（3）颈侧点：位于颈根部，人体颈部最外侧的点。从人体正面观察，当视线与之持平时，即可确定此点。此点也是颈根围线与小肩线的交点。

　　（4）后颈点：颈后第七颈椎点的凸出点。

　　（5）肩端点：肩胛骨肩峰上端最向外凸出的点。该点与颈侧点相连组成了小肩线。

　　（6）前腋点：手臂自然下垂，与人体躯干前侧面形成的交点。

　　（7）后腋点：手臂自然下垂，与人体躯干后侧面形成的交点。

　　（8）胸高点：乳头的中心。

　　（9）肘点：尺骨上端、手臂外侧凸出的点。当上肢自然弯曲时，此点凸出显著。

　　（10）腕点：桡骨下端茎突处，小臂下端前方的凸出点。

　　（11）脐点：肚脐的中心。

　　（12）腹凸点：从人体侧面观察，腹部向前最凸出的点。

　　（13）臀凸点：从人体侧面观察，臀部向后最凸出的点。

　　（14）膝点：人体前方膝关节的中心处。

　　（15）外踝点：人体踝关节向外凸出的点。

三、测量项目

　　我国的法定测量应用单位是 cm，有些国外的订单使用 in，也有部分人员沿用市制单位。换算方法如下：

　　1 in=2.54 cm　　　1 m=3 尺　　　1 m=10 dm　　　1 dm=10 cm

1. 长度测量

　　（1）总体高：人体站姿，从头顶垂直测量至脚底。代表着服装的"号"。

　　（2）颈椎点高：人体站姿，从第七颈椎点（即后颈点），垂直测量至脚底，也称"身长"。

　　（3）胸位高：从颈侧点直接测量至胸高点的距离。

　　（4）前腰节长：从颈侧点经过胸高点测量至腰围线。

　　（5）后腰节长：从颈侧点经过肩胛高点测量至腰围线。

　　（6）下体长：人体站姿，从腰围线垂直测量至脚底。

　　（7）膝长：人体站姿，从腰围线垂直测量至膝围线。

　　（8）立裆：也称"上裆"，从腰围线到股沟的长度；也可采用坐姿，从腰围线垂直测量至椅面。

　　（9）臀位高：也称"腰长"，从腰围线测量到臀围线的距离。

　　（10）臂长：从肩端点经肘点测量至腕点的距离。

　　（11）肩臂长：人体站姿，从颈侧点经过肩端点、肘点测量至腕点的距离。

2. 围度测量

　　（1）头围：经前额、后枕骨围量一周。

　　（2）颈根围：经前、后颈点及颈侧点围量一周。

　　（3）胸围：在人体胸部最丰满处水平围量一周。

　　（4）腰围：在人体腰部最细处水平围量一周。

　　（5）臀围：在人体臀部最丰满处水平围量一周。

　　（6）腹围：在人体腰围与臀围的中间处水平围量一周。

　　（7）大腿围：沿臀底部、大腿最粗处围量一周。

　　（8）臂围：在上臂最丰满处与手臂垂直围量一周。

　　（9）臂根围：在上臂根部，经肩端点、腋下围量一周。

　　（10）腕围：在手腕最细处围量一周。

（11）掌围：手掌并拢，在最宽大处围量一周。

3. 宽度测量

（1）肩宽：在人体背后测量，两肩端点之间的水平距离。

（2）乳间距：即两个胸高点之间的水平距离。

（3）胸宽：两个前腋点之间的水平距离。

（4）背宽：两个后腋点之间的水平距离。

4. 其他

通裆：从前腰中心经裆底，测量至后腰中心的长度。

人体测量方法如图 1-10、图 1-11 所示，并参见右侧二维码。

人体测量

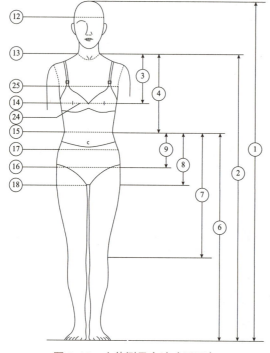
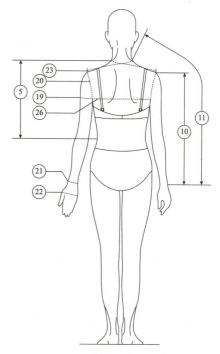

图 1-10　人体测量方法（正面）　　　　图 1-11　人体测量方法（背面）

1—总体高；2—颈椎点高；3—胸位高；4—前腰节长；5—后腰节长；6—下体长；7—膝长；8—立裆；9—臀位高；10—臂长；
11—肩臂长；12—头围；13—颈根围；14—胸围；15—腰围；16—臀围；17—腹围；18—大腿围；19—臂围；20—臂根围；
21—腕围；22—掌围；23—肩宽；24—乳间距；25—胸宽；26—背宽

任务五　放松量

服装以人为主体，服装造型的变化始终围绕着人体这个基本框架。为了达到穿着舒适、造型美观的目的，服装与人体之间存在着一定的空间关系，即服装与人体之间存在一定的空隙量。这个空隙量使服装的围度和长度对于相应的各个部位净尺寸有一定的增加量，用具体数值定量地表示，就是服装加放量。服装加放量是影响服装与人体之间距离及服装最终造型的重要因素。

服装加放量在围度上的表现更加突出。

一、空间折转量

由于面料在外围包裹人体，由面料组成的服装的围度必然要大于人体的围度，即使制作紧身衣，成衣的胸围也会存在一定的多出量。可以通过试验的方法得到这一结论，运用立裁手段，采用一系列标准人台，使用 32 支白坯布，制作贴体紧身造型的上衣，并进行测量得到数据：紧身衣的胸围规格比人台的净胸围平均多出 2.5 cm——面料在外围沿人体成型，在制作贴体紧身结构服装的前提下，成衣的围度规格与人体围度净尺寸之间形成的差量，称为空间折转量。空间折转量是设计成衣规格的基础加放量。

影响空间折转量的因素有面料的厚度、人体围度的大小等。其中面料的厚度在服装制作时会对成衣的围度、成型状态等有影响，因此在进行纸样设计时要将其考虑进去。

二、松量

在服装的穿用过程中，服装要满足人体舒适穿着、运动、审美的需求，因此在进行服装纸样设计和制作服装时，相对于人体的围度、宽度等数据，就要给予一定的放松量，简称松量。现将放松量的计算简要概括如下：

围度的放松量 = 生理松量 + 加套松量 + 造型松量

（1）生理松量 = 净胸围 ×（10% ~ 12%），当净胸围 = 84 cm 时，生理松量为 8 ~ 10 cm。

（2）计算由于穿衣厚度引起的围度放松量时，可将人体简化为圆筒形体。加套一定厚度的内层衣物会使其外围长度增加，我们可以推算出加套松量 = 外围长度增加量 = 2π × 衣物厚度。例如，内穿 0.5 cm 厚的毛衫，则加套松量 =2π×0.5=3（cm）。

（3）造型松量要根据不同品类服装的合体程度而设计。对于女装胸围规格而言，一般紧身型服装，造型松量为 0 ~ 4 cm；合体型服装，造型松量为 4 ~ 8 cm；松身型服装，造型松量为 8 ~ 12 cm；宽松型服装，造型松量为 12 cm 以上。对于衬衫、西服等，造型松量应稍小，对于夹克衫、超大型外套等服装，造型松量可适度加大。

另外，服装放松量还要受到以下几个因素的影响：服装的衬里；人体运动的幅度；不同地区的自然环境和生活习惯；款式的特点和要求；衣料的厚度和性能；工作性质及功能需要；个人爱好与穿着要求等。

因此，空间折转量和放松量都是设计成衣规格时需要考虑的加放量。

由于加放量的不同，服装与人体间的空隙量也有不同。加入适当的加放量，可以得到穿着舒适的服装；通过调整加放量的大小，来改变服装各个部位与人体间的空隙量，使外部的轮廓发生变化，进而得到理想的空间关系和造型形式，同时达到改善体型的目的；还可以加以填充料等，进行夸张造型，更好地为服装设计服务。

女装常用的加放量可以参考表 1-4 使用。

表 1-4　女装常用品类加放量参考表　　　　　　　　单位：cm

品种	加放量	品种	加放量
合体西服	8 左右	夹克衫	20 左右
松身西服	10 ~ 14	马甲	4 ~ 8
加套羊毛衫西服	16 ~ 20	连衣裙	4 ~ 6
合体女衬衫	4 ~ 6	风衣	10 以上
一般女衬衫	10 ~ 14	合身女裙	4 ~ 6
宽松女衬衫	14 ~ 18	合身女西裤	6 ~ 8
特宽松女衬衫	18 以上	紧身裤	0 ~ 4
合体外套	10 ~ 14	松身裤	8 ~ 16
松身外套	14 ~ 18	宽松裤	18 以上

注：上装应用数据为胸围加放量，下装应用数据为臀围加放量。

任务六　女装基本型

无论是下装还是上装的基本型，均采用合身的造型。

基本图绘制时应用的规格均以女子中间标准体（身高 160 cm，胸围 84 cm，腰围 68 cm，臀围 90 cm）的数据为基础。

一、裙装基本型

1. 数据应用

（1）腰围：68 cm，常用加放量为加放 0 ~ 2 cm，此处加放量为 0 cm，腰头位于中腰。

（2）臀围：94 cm，常用加放量为加放 4 ~ 6 cm，此处加放量为 4 cm。

2. 裙装基本型

裙装基本型如图 1-12 所示，裙装的基本结构重点在于腰、臀部的省道及腰线构成。绘制本图应用的参考数据见表 1-5。

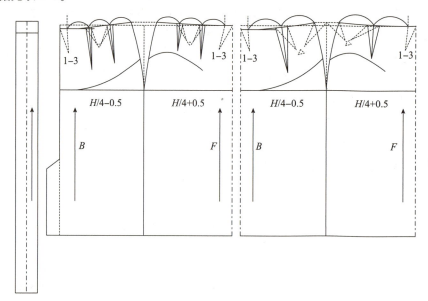

图 1-12　裙装基本型（单位：cm）

表 1-5　裙装基本型参考数据　　　　　　　　　　　　　　单位：cm

号型	部位	裙长	腰围	臀围	臀位高
160/68A	规格	58	68	94	17

3. 纸样设计说明

（1）臀围、腰围的分配：前片臀大使用 $H/4-(0.5 ~ 1)$，后片臀大使用 $H/4+(0.5 ~ 1)$。通常情况下，腰围的分配方法与臀围的分配方法一致，采用相同的比例数和调节数。

（2）腰省的作用：是为了满足臀、腰之间的围度差而设置的，同时也为臀部与腹部的凸起曲面造型起一定作用。首先，从人体的不同角度观察腰臀部曲面，可以看出：臀、腰之间的围度差，是分布在臀或腰的圆周上的，并且从体后的臀部到体前的腰部，凸起曲面的曲度和曲面凸点的高度，也是不断变化的。如图 1-12 所示的曲线所示（观察视角与臀围线处于同一水平面内）。

（3）定省量的方法：腰节前、后中心处人体较为平整，在此处预留出 1 ~ 3 cm 的平面范围，并作出预留标记。定省量有两种方法：其一，先在侧缝处确定侧缝劈势，为 3 ~ 4 cm，再将每个裁片臀、腰差的剩余量（去除侧缝劈势之后的量）平均设置于每个省中，或者将侧缝劈势也看成一个特殊的省道，与其他省道一起均分每个裁片的臀、腰差量。省量以不超过 4 cm 为宜，常见的省量在 2.5 cm 左右，省量的大小可通过省通的个数进行调节，常见的款式中省道为 1 或 2 个。

（4）确定省位及长度：完成了前几步的工作，便可以确定省位。在预留标记和侧缝之间，根据省的个数，把腰线按长度等分，等分点即省位。省尖指向曲面的凸点，但要离开凸点一小段距离，使曲面不突兀。常见款式的省长，前片的略短，后片的略长，这是由于臀部凸点低于腹部凸点的缘故。

（5）腰线的形状：观察人体腰部，可以看到人体的腰线并不完全在一个水平面内，而是在前高后低的曲面内，根据人体腰线的形状和腹、臀部曲面的形状，设置裙装腰线的形状。人体腹、臀部曲面的中央区域相对平坦，因而在这两个区域内无须作曲面造型，腰围线（WL）在前后中央位置保持一段水平；人体的侧面从 WL 到臀围线（HL）曲线起伏很大，沿着人体表面从 WL 到 HL 之间的垂直距离，在此处的数据会大于在前后中央部位的数据，为了保持 HL 处于同一水平面内，而且保持 HL 处面料朝向的完整性，需要在侧缝处设置起翘 0.7 ~ 1 cm，才能满足体侧曲线长度变化的需要；人体腰线前高后低，因此后中腰要适度下落，常用量为 0.7 ~ 1 cm。

（6）后衩：直筒裙的下摆围度与臀围相近，会使腿部的运动范围受限，因此后衩的存在有利于腿部的运动，提高了裙子的运动机能。

二、裤装基本型

1. 数据应用

（1）腰围：70 cm，常用加放量为 0 ~ 2 cm，腰头位于中腰。

（2）臀围：96 cm，常用加放量为 4 ~ 6 cm，此处加放量为 6 cm。

（3）立裆：应用坐高的测量数据，加放 2 cm。

2. 裤装基本型

裤装基本型如图 1-13 所示。绘制本图应用的参考数据见表 1-6。

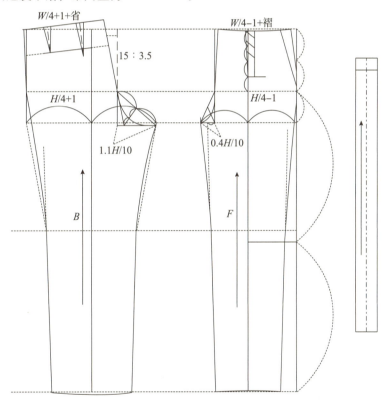

图 1-13　裤装基本型（单位：cm）

表 1-6　裤装基本型参考数据　　　　　　　　　　　　　单位：cm

号型	部位	裤长	腰围	臀围	立裆	脚口宽
160/68A	规格	100	70	96	28	20

3. 纸样设计说明

（1）臀围、腰围的分配：前片臀大使用 $H/4-1$，后片臀大使用 $H/4+1$。通常情况下，腰围的分配方法与臀围的分配方法一致，采用相同的比例数和调节数。

（2）后裆斜线：为了适应人体臀凸点向上到腰节线的倾斜角度，后裆直线需要有适当的倾斜量，即后裆斜势；为了满足人体向前运动所需要的伸长量，后裆斜线上端还要有一定的起翘量。后裆斜势与后裆起翘成正比关系。

（3）褶裥、省的设计：褶裥和省的存在，一方面能够满足臀凸和腹凸的造型需要，另一方面能够调整腰大，影响侧缝的绘制和造型。褶量和省量的多少取决于臀围和腰围的差量，即臀腰差。通常褶裥和省的个数可以为 1 或 2 个，单个褶量不大于 3 cm，单个省量不大于 2.5 cm。

（4）后落裆：后片下裆线的长度会长于前片下裆线，两者必须长度相等才能缝合，因此产生了落裆，调整后落裆的大小使两条下裆线等长。

（5）裆宽：在某种程度上讲，总裆宽显示了人体的厚度。大裆宽应用（1.1 ~ 1.2）$H/10$，小裆宽应用 $0.4H/10$，则总裆宽为（1.5 ~ 1.6）$H/10$。

（6）脚口、中裆：直筒裤的脚口数据比较大，中裆数据与之接近；裤管的合体性与造型不同，则两者的数据也会各自不同。中裆线位置的高低可根据不同款式的要求进行设计调整，这里属直筒裤，中裆线适当上抬。

（7）腰头宽：根据款式的不同，腰头宽度常在 2.5 ~ 3.5 cm 范围里变化。

三、上装基本型

1. 数据应用
（1）衣长：使用前腰节的数据。
（2）胸围：使用净胸围 84 cm，完成后胸围 92 cm。

2. 上装基本型
上装基本型如图 1-14 所示。绘制本图应用的参考数据见表 1-7。

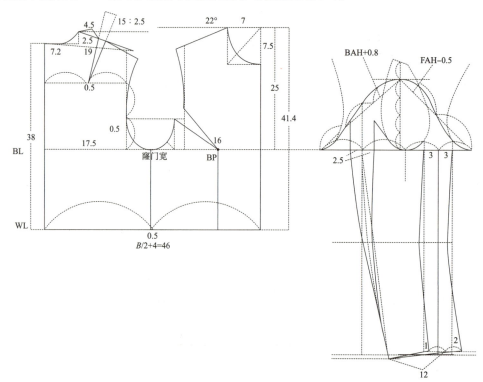

图 1-14 女装基本型（单位：cm）

表 1-7　上装基本型参考数据　　　　　　　　　　单位：cm

号型	部位	前腰节	后背长	肩宽	胸围	腰围	领围
160/84A	规格	41.4	38	37.5	92	70	38

3. 纸样设计说明

（1）胸围的分配：上装的胸围分配有四开身、三开身两种形式。

四开身结构中，合体或修身的款式会应用前胸大 B/4+1、后胸大 B/4-1 的分配形式，能够让侧缝线与人体更精确地对位；而相对宽松的款式中常会应用前后胸大同为 B/4 的分配形式。

（2）女装结构中常用肩斜平均角度为 20°。本基本型中前片用 22°，后片用 18°。

（3）前片袖窿预留了前胸角度，即胸省，可以通过以下方法进行应用。

西服、大衣等常应用撇胸，使横开领增大，在缝制门、里襟时做适量归缩处理，以达到胸部凸面的造型。

对于有公主线分割或褶裥造型的款式，可以充分利用胸省进行省道转移，把省量置于分割线或褶裥之中。

有些衬衫、连衣裙等款式在胸高位的下 1/4 附近做育克分割，可将胸省量全部或部分留在其中，肩斜角度不变。

衬衫、风衣等款式若前片没有分割线，也不使用撇胸，则可用将部分胸省量留作袖窿松量、适当增大肩斜角度、下摆侧缝处起翘等方法解决胸高角度。

（4）后片在小肩上预留了肩胛角度，即肩省，可以通过以下方法进行应用。

1）西服、大衣等常将部分肩省保留在小肩线中，使后小肩线长于前小肩线 0.5 ~ 0.8 cm，缝制时做归缩、缩缝处理；将部分肩胛角度转移至袖窿中做袖窿松量；将少部分肩胛角度转移至后中线处做归缩量。

2）对于有公主线分割或褶裥造型的款式，与前身对应，可以充分利用肩省进行省道转移，把省量置于分割线或褶裥之中。

3）有的款式在后背肩胛凸点附近做育克分割或插肩袖分割，可通过省道转移将肩省量全部或部分转移过去。

4）一些宽松款式，没有分割线，则可用将部分肩省留作袖窿松量、适当增大肩斜角度等方法解决肩胛角度，作后背造型。

（5）后背缝可依据款式需要做成合体的曲线形状。

（6）领窝、袖窿的数据都是合体结构的，如果不考虑特殊造型，是能够满足穿着需求的最小数据的。

（7）袖子为合体的两片袖结构，也称"圆袖""圆装袖"。袖子结构必须与衣身袖窿的结构变化相结合，女装两片袖的所配袖窿是圆袖窿，要求与之相配的袖山成形之后也呈圆形。成品的袖子袖山圆而饱满，其袖中线与水平线成 60° 夹角，这种结构并不适合手臂的大范围运动，强调的是小范围活动下的一种静态美。这种高袖山结构的两片袖，用于外套、大衣等款式中较多，袖山高 = 袖窿均深 ×（4/5 ~ 5/6）。

多数衬衫的袖山高度略低，为中高袖山，使用一片袖结构，一般袖山高 = 袖窿均深 ×（2/3 ~ 3/4）。

休闲类女装的袖山高度数据更小，为低袖山，运动机能性更优越。

（8）圆袖袖山的长度大于袖窿的长度，为 2 ~ 3 cm，作为吃势，使袖山隆起饱满。

女装原型

袖身要有前斜，以适应整个手臂略微向前的趋势，即前势。在控制前势的结构中，前、后腋点以上的部位起到更加关键的作用，前袖山的形状引导了袖身向前倾斜的方向，而后袖山的形状使后背处的袖身圆满且有松量。前后袖山曲线的隆起程度改变了袖身整体的前斜程度，前袖山的隆起程度要小于后袖山。基于此，袖山的吃势分配可以设计为：前袖山（前腋点以上部分）约占45%；后袖山（小袖山的袖中线向后2 cm处以上部分）上部约占40%，后袖山下部约占15%；袖山底部（前述两点之间的袖山部分）理论上无吃量，但因为缝制时袖山和袖窿的缝份都要倒向袖身，因此需要0.3 ~ 0.5 cm的缝缩量。

任务七　省道转移

在服装纸样设计过程中，常常会用到一个技术要点——省道转移。在同一衣片上，通过一定的工艺手段把省道变更到其他位置上，并保持衣片原来的立体造型，这种工艺手段或操作过程即省道转移。通过省道转移处理省道，能够改变服装纸样的结构，完善样板对成衣的造型，同时利用省道转移的方法，能够为服装纸样制作提供更丰富的设计空间。

服装纸样中省道的产生来源于人体的凸起曲面，为了使平面的服装纸样适应于立体的人体凸面，就要在纸样中以适当的位置、数量、形态去除其中一部分，使纸样的最终结果——衣片在缝合为成衣后，形成立体化的造型，这里去除的一部分纸样或布料即是"省"，也称"省道"，去除省道可称为"收省"。

依据人体不同部位的合体需求，省道有多种形状，钉形、锥形、内弧形、外弧形、枣核形、开花省等，如图1-15所示。由于人体形态的复杂性，省道有时也会是几种形状的组合，以使衣片的立体造型更符合体型。

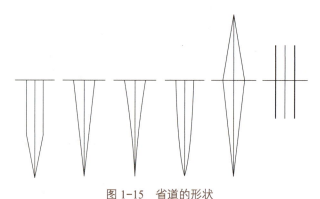

图1-15　省道的形状

一、省道的分布

省道曲面最高处的凸点为中心，围绕凸点在其四周分布，如上装前身的胸凸点（即胸高点）、后身的肩胛凸点、下装前身的腹凸点、后身的臀凸点等，如图1-16所示。

省道应根据结构合理、造型美观的原则设置。省道的名称可以视其省根所在位置而称呼，如肩省、领省、腰省等；也可依据其所塑型对象而称呼，如胸省、肩胛省等。另外，人体的肩端点、肘点、膝点等也属于凸点，根据不同的款式需要，也可以设置省道，或者通过省道转移设置不同造型的结构线。

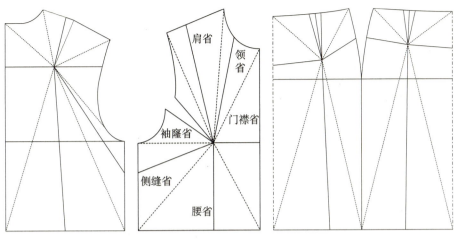

图 1-16 省道的分布

二、省道转移的方法

1. 旋转法

旋转法省道转移对纸样没有破坏，能够多次使用纸样。以原型的袖窿省转移至领省为例，其实施步骤如下：

（1）设计并确定新省位，作出标记点 B。

（2）保持中心线的方向垂直，描画原型轮廓，如图 1-17（a）中实线所示，这部分结构线在省移中不发生移动。

（3）以胸凸点为转动中心，旋转原型，把原省道全部或部分合并，同时确定新省道的两个省根位置，如图 1-17（b）所示。

（4）描画发生移动部分的轮廓，如图 1-17（b）中实线所示。

（5）确定省尖位置，修正并完成新省道，修正全部结构线，如图 1-17（c）所示。修正省道时，省尖距凸点一定距离，且两个省边等长。

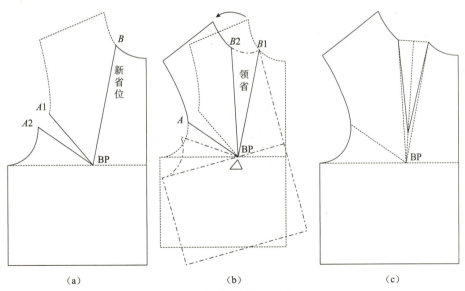

图 1-17 旋转法省道转移的实施步骤

围绕凸点而存在的省道，解决了人体曲面的角度，在纸样中也体现为一定角度的圆心角，在省道转移中，省移前、后的圆心角度总和是保持不变的。

2. 剪开法

用剪开法做省道转移需要将纸样剪开、合并，对纸样有一定程度的破坏。以原型的肩省省道转移为例，其实施步骤如下：

（1）设计并确定新省位，作出标记点 B、C、D；将肩省省量三等分，得到 $A1$、$A2$、$A3$、$A4$ 四个点。

（2）保持后中心线下部的方向垂直，剪开后背省 B 的省线，重合点 $A1$ 与 $A2$，即得到 B 省的两个省根。

同理得到领省 C、袖窿省 D 的省根。

（3）完成省道及结构线的绘制，如图 1-18 所示。

本例中，肩省是以部分省量进行转移的，分别转移到了三个部位，满足不同结构的需求，在制作成衣过程中会以不同的工艺方法进行解决。

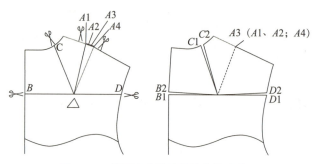

图 1-18　剪开法省道转移的实施步骤

3. 作图法

作图法省道转移是指利用省道的圆心角总和保持不变这一省移原理，通过量取省道的圆心角度，把角度重新分配到其他位置的省道之中。

作图法省道转移若在服装 CAD 做纸样设计中使用，则大大降低了手工制作的难度。

省道转移的使用不局限于一种方法，根据不同的款式和结构需求可以单独使用或组合使用。

三、课后闯关

1. 理论练兵

职业资格测试题
二维码

2. 技能实战

（1）分析省道构成，并应用原型进行省道转移训练。

任务名称	省道转移应用实例	
任务要求	根据给定的款式（图1-19），结合各任务知识和技能的学习，进行任务探究，独立完成并提交作业	
规格表	单位：cm	
部位	规格	
号型	160/84A	

图 1-19　衣身省道转移训练

纸样技术要求：
1. 手工或 CAD 工具完成纸样变化。
2. 纸样符合人体结构和款式特征。
3. 正确使用制图线条与符号，图线清晰、流畅、细节处理得当。
4. 放缝缝边准确，标注用料方向、对位、缩量等必要信息。
5. 裁片名称、数量、规格、代号标示清楚

1）款式分析。这个款式是省道转移在实际造型当中的具体应用，外观合体，为左右不对称结构，在左肩均匀分布六个活褶，以左肩缝为起点，放射状延伸至胸围线附近，如图1-19所示。

2）实施步骤。

①设计出分割线的位置，靠近领窝的分割线要离开颈侧点远一点。

②分别在第二个和第五个分割线处做全省转移，将袖窿省和腰省量全部转入。

③将两个肩省分别五等分、七等分，再次进行省道转移，将省量分配到六个活褶中。褶量分配不拘泥于这样，应该根据造型需要进行分配，活褶的长度大则需要的褶量多。

④省道转移之后修正左肩曲线，修正腰口线，并作出必要的标注。

3）实施结果。实施结果如图1-20所示。

3.5

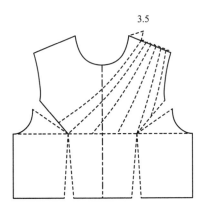

图 1-20　省道转移设计

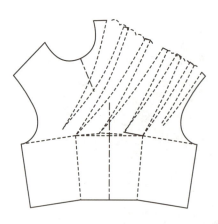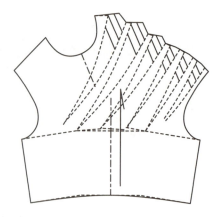

图 1-20　省道转移设计（续）

（2）如图 1-21 所示，利用省道转移技术得到多种形式的造型，试分析其省道构成，并应用原型进行省道转移训练。

图 1-21　省道转移训练图

小提示

在省道转移中，一定要先分析省道与原型的结构关系、省道的来源、分割线的位置，并选择合适的方式进行省道移动，特别注意与面料、工艺的对应关系，在掌握原理的基础上，灵活运用方法，更好地理解知识和方法，进行纸样设计工作。

项目二
女裙纸样设计

主要内容

对应中级服装制版师职业资格中裙装部分的相关要素，主要学习女裙纸样设计知识、成衣制作知识，能识读技术文件进行产品款式分析，完成样板制作和成衣制作。

学习重点

省道构成及在服装中的应用，分割线设计。

学习难点

裙装腰位的变化，廓形变化。

学习目标

1. 了解女裙基本知识，以及结构与女体形态的关联性；

2. 识读技术文件中的裙装款式结构特点；

3. 能够运用正确的量体方法进行量体，根据量体数据进行正确的加放，合理制定服装规格；

4. 能够根据款式图和规格表，灵活运用制版原理和结构设计方法进行款式分析与结构变化，完成纸样设计；

5. 能够给纸样合理添加缝份、剪口、扣位、布纹线等标识，完成工业纸样的设计；

6. 在裙装纸样设计的过程中，培养认真、严谨的制版习惯，养成良好的职业素养，植入工匠精神；

7. 在小组学习过程中，培养合作意识，锻炼创新思维和灵活性，提升综合素质。

一、女裙概述

裙子是指一种围在腰部以下没有裤腿的服装，是下装的基本形式之一。广义的裙子还包括连衣裙、半身裙、衬裙、短裙、裤裙。裙一般由裙腰和裙体构成，有的只有裙体而无裙腰。本项目中的裙子泛指半裙。

二、女裙的分类

（1）按腰位的高低分类，可分为无腰裙、中腰裙、低腰裙、高腰裙、连腰裙、连衣裙。

（2）按裙长分类，可分为长裙（裙摆至胫中以下）、中裙（裙摆至膝以下、胫中以上）、短裙（裙摆至膝以上）、超短裙（裙摆仅及大腿中部），如图2-1所示。

图 2-1　按裙长分类

（3）按裙体外形轮廓分类，可分为直裙、斜裙、缠绕裙、节裙等，如图2-2所示。

图 2-2　按裙体外形轮廓分类

（4）按裙摆的大小分类，可分为紧身裙、直筒裙、半紧身裙、斜裙、半圆裙、整圆裙等。

三、女裙结构设计原理

1. 关键部位尺寸

女裙结构设计的关键尺寸包括腰围（W）、臀围（H）、臀高、裙长（SL），有些款式对摆围也会有具体的尺寸要求。

腰围是指绕过腰部最细处，水平测量一圈的尺寸。人体的腰围尺寸在自然

女裙概述

呼吸、坐下、下蹲时尺寸会有所增加。在进行腰围尺寸设定时，女裙的腰围会在净腰围的基础上加放 0 ~ 2 cm 的松量，以保证人体的正常活动。

臀围是指绕臀部最宽的部位，水平测量一圈的尺寸。人体在进行行走、坐下、下蹲等动作时，臀围会产生增加量，平均增加量为 4 cm。为了满足人体的活动需要，女裙臀围尺寸设定时，要在净臀围的基础上加放松量。一般合体半裙的臀围松量在 4 ~ 6 cm；较合体半裙的臀围松量在 6 ~ 12 cm；较宽松半裙的臀围松量在 12 ~ 18 cm；宽松半裙的臀围松量在 18 cm 以上。臀围尺寸的设定要结合具体的款式特征和廓形特征。

臀高为腰围到臀围的距离。该尺寸的确定可使用公式：臀高 =0.1× 身高 +1 ~ 2 cm，或采用定寸 18 ~ 20 cm。

裙长是指裙子整体的长度，一般为设计量，根据款式而定。裙长加长，底摆围度就要加大。如果是合体半裙，就需要设计开衩或加入褶裥等来满足人体活动的需求，如图 2-3 所示。

2. 女裙腰省的结构设计

将白布围裹在人体上，当臀部围度合体时，腰部会产生一定的空间，我们称之为臀腰差。由于人体的臀围和腰围之间存在尺寸的差异，并且人体下半身存在腹凸、髋骨凸点、臀凸的生理特征，女裙原型的结构设计通常采用省的形式来消除臀腰差，使裙装更贴合人体的形态。由于腹凸高于臀凸，所以前片的腰省长度通常小于后片的腰省长度，前片腰省一般为 8 ~ 10 cm，后片腰省一般为 10 ~ 13 cm。臀围和腰围的差量一般均匀分布在前片、侧缝、后片的省量中，如图 2-4 所示。在一些裙装变化款式中，可以将腰省用褶皱、育克等形式代替。

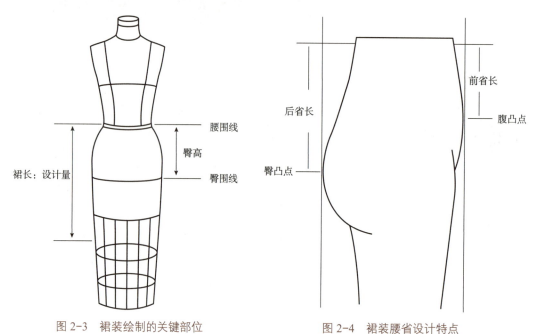

图 2-3　裙装绘制的关键部位　　　　　图 2-4　裙装腰省设计特点

任务一   女裙原型裙纸样设计

任务单

任务名称	女裙原型裙纸样设计

任务要求：根据给定的款式（图2-5），以小组为单位，协作探究，启发互助，独立完成并提交作业

规格表	单位：cm	
部位	规格	
号型	160/68A	
裙长	60	
腰围	70	
臀围	94	
腰头宽	3	

图 2-5   原型裙款式图

纸样技术要求：
1. 手工或 CAD 工具完成纸样变化。
2. 纸样符合人体结构和款式特征。
3. 正确使用制图线条与符号，图线清晰、流畅、细节处理得当。
4. 放缝缝边准确，标注用料方向、对位、缩量等必要信息。
5. 裁片名称、数量、规格代号标示清楚

任务实施

1. 款式分析

裙原型是裙装的结构基础，通过裙原型的变化，可以设计出多种裙装款式。裙原型可与上衣原型合用，进行连衣裙的设计；也可作为女半裙的基本型。其结构为 H 型，平底摆，前后片各 2 个腰省，后中装隐形拉链，后中底摆开衩，装平腰头，如图 2-5 所示。

2. 实施步骤

（1）绘制基础线。绘制矩形，长为裙长减去腰头宽，宽为 $H/2$。过矩形中点作垂线，得到侧缝辅助线；作上平线的平行线，间距 18 cm，得到臀围线。

（2）距前中心线 $W/4$ 的地方画点，将该点与侧缝辅助线交点的距离三等分，标记△。

（3）绘制前腰围线。在侧缝交点△向上作 0.7 cm 垂线，为侧缝起翘量；用曲线连接该点与前中

心点，得到前腰围线。

（4）绘制前腰省。将前腰围线三等分，分别作前腰围线的垂线，为省中心线。省量分别为△，完成前腰省绘制。

（5）距后中心线 $W/4$ 的地方画点，将该点与侧缝辅助线交点的距离三等分，标记○。

（6）绘制后腰围线。在侧缝交点○向上作 0.7 cm 垂线，为侧缝起翘量；用曲线连接该点与后中心点下落 1 cm 的点，得到后腰围线。

（7）绘制后腰省。将后腰围线三等分，分别作后腰围线的垂线，为省中心线。省量分别为○，完成后腰省的绘制。

（8）绘制后开衩。臀围线向下 20 cm 为后开衩，开衩宽 4 cm。

（9）绘制腰头。绘制矩形，长为 $W+3$ cm，宽为腰头宽。

3. 实施结果

裙片纸样设计如图 2-6 所示。

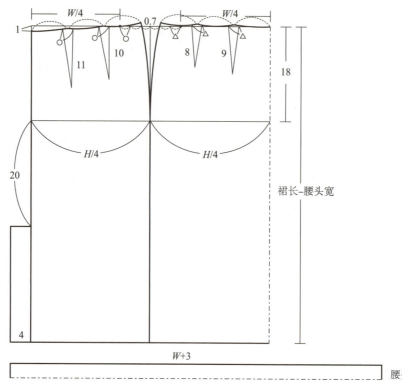

图 2-6　原型裙纸样设计（单位：cm）

4. 实施难点

（1）前腰省短于后腰省，后腰下落 1 cm，侧缝腰围处上抬 0.7 cm。

（2）臀腰差等于 24 cm，均匀分配在前后腰省和侧缝中。

（3）合体直筒裙，裙长超过膝盖，底摆要开衩，方便活动。

（4）在做前后片臀围分配时，使用 $H/4$ 的公式（H 代表臀围尺寸）。在一些半裙纸样设计中，为了使整体造型更美观，将裙侧缝的位置设计在人侧体正中偏后的位置，会使用 $H/4+1$ cm 的公式绘制前臀围宽，使用 $H/4-1$ cm 绘制后臀围宽。

5. 纸样放缝

原型裙纸样放缝如图 2-7 所示。

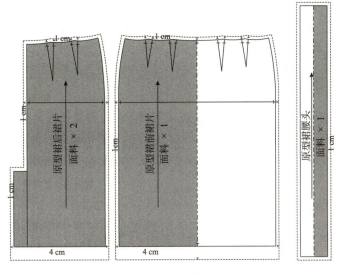

图 2-7　原型裙纸样放缝图

6. 任务评价

根据完成的时间、情况进行自我评定和教师评定，综合分析学生的掌握情况，及时纠错答疑，强化重点环节，巩固测试强化薄弱环节。

评价项目及要求		任务完成情况记录（学生自评）	存在问题及成绩评定（教师评定）
线迹	线型应用正确，线条流畅，纸面（界面）干净整洁		
	结构线造型准确		
	轮廓线和内部结构线标记清晰、明确		
纸样	各部位规格准确		
	腰省量分配合理		
	前后腰省绘制准确		
	腰口线圆顺		
	侧缝曲线弧度合适，无凸起		
样板	各纸样提取准确		
	各处缝份加放合理		
	标注样片信息		
	标注对位点		
完成时间		总分	

任务二　A 型裙纸样设计

任务单

任务名称	A 型裙纸样设计		
任务要求：根据给定的款式（图 2-8），以小组为单位，协作探究，启发互助，独立完成并提交作业			
规格表	单位：cm		
部位	规格		
号型	160/68A		
裙长	55		
腰围	70		
臀围	96		
腰头宽	3		

图 2-8　A 型裙款式图

纸样技术要求：
1. 手工或 CAD 工具完成纸样变化。
2. 纸样符合人体结构和款式特征。
3. 正确使用制图线条与符号，图线清晰、流畅，细节处理得当。
4. 放缝缝边准确，标注用料方向、对位、缩量等必要信息。
5. 裁片名称、数量、规格代号标示清楚

任务实施

1. 款式分析

　　A 型裙是女裙中的常见廓形，款式大方，可以增加各种细节、分割的设计。A 型基础裙臀围松量比 H 型裙稍大，下摆自然展开。该款半裙为较合体 A 型裙，前后片各 1 个腰省，后中装隐形拉链。装平腰头，后中钉一粒扣，如图 2-8 所示。

2. 实施步骤

　　（1）绘制前片基础线，绘制上平线，绘制前中心线，长度 = 裙长 - 腰头宽。绘制臀围线，距上平线 18 cm；绘制下平线。作前中心线的平行线，间距为 $H/4$，得到侧缝辅助线。

（2）绘制前腰围线。在上平线上，距前中心点 $W/4+2.5$ cm 的地方向上作 1 cm 的垂线，用曲线连接该点与前中心点，得到前腰围线。

（3）绘制侧缝线。底摆起翘 1 cm。

（4）绘制后中心线。

（5）作后中心线的平行线，间距为 $H/4$，得到侧缝辅助线。

（6）绘制后腰围线。在上平线上，距后中心点 $W/4+2.5$ cm 的地方向上作 1 cm 的垂线，用曲线连接该点与后中心点下落 1 cm 的点，得到后腰围线。

（7）绘制腰省。分别作前后腰围线的垂线，为腰省中心线。前后省量均为 2.5 cm，完成前后腰省的绘制。

（8）绘制腰头。绘制矩形，长为 $W+3$ cm，宽为腰头宽。

3. 实施结果

裙片纸样设计如图 2-9 所示。

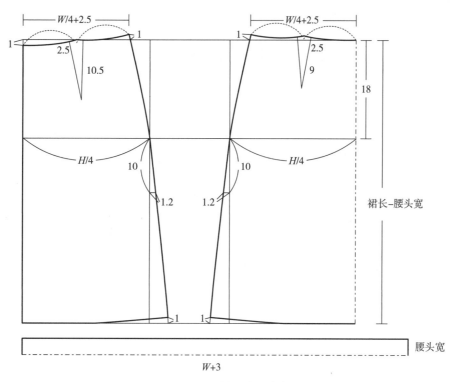

图 2-9　A 型裙纸样设计（单位：cm）

4. 实施难点

（1）A 型裙侧缝起翘量为 1 cm，腰省设计量为 2.5 cm。

（2）A 型裙摆围的设计通过臀围线向下 10∶1.2 的比值确定，一般该比值可控制在 10∶1 ~ 10∶1.5。A 型裙臀部增加了松量，底摆向外展开。

（3）为了保证侧缝缝合后圆顺，底摆要有 1 ~ 1.5 cm 的起翘量，且为直角。

（4）A 型裙还可以通过原型裙转省（合并部分腰省量，展开底摆）的方式得到。

5. 纸样放缝

A 型裙纸样放缝如图 2-10 所示。

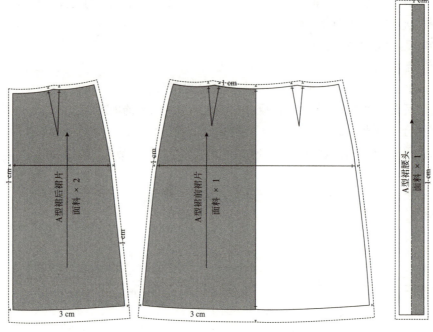

图 2-10　A 型裙纸样放缝图

6. 任务评价

根据完成的时间、情况进行自我评定和教师评定，综合分析学生的掌握情况，及时纠错答疑，强化重点环节，巩固测试强化薄弱环节。

	评价项目及要求	任务完成情况记录（学生自评）	存在问题及成绩评定（教师评定）
线迹	线型应用正确，线条流畅，纸面（界面）干净整洁		
	结构线造型准确		
	轮廓线和内部结构线标记清晰、明确		
纸样	各部位规格准确		
	腰省量分配合理		
	前后腰省绘制准确		
	腰口线圆顺		
	侧缝曲线弧度合适，无凸起		
样板	各纸样提取准确		
	各处缝份加放合理		
	标注样片信息		
	标注对位点		
完成时间		总分	

任务三　角度裙纸样设计

任务单

任务名称	角度裙纸样设计
任务要求：根据给定的款式（图 2-11），以小组为单位，协作探究，启发互助，独立完成并提交作业	

规格表	单位：cm
部位	规格
号型	160/68A
裙长	72
腰围	70
摆围	224
腰头宽	3

图 2-11　角度裙款式图

纸样技术要求：
1. 手工或 CAD 工具完成纸样变化。
2. 纸样符合人体结构和款式特征。
3. 正确使用制图线条与符号，图线清晰、流畅、细节处理得当。
4. 放缝缝边准确，标注用料方向、对位、缩量等必要信息。
5. 裁片名称、数量、规格代号标示清楚

任务实施

1. 款式分析

角度裙是裙片平面展开成扇形或圆形的半裙，常见的有 120°、180°、360°。角度裙穿着在人体上，呈喇叭形展开，线条流畅，是比较常见的裙型。不同面料的角度裙展现的风格也不同。柔软面料比较随体，体现了温婉、浪漫的风格；挺阔面料则展示了大气端庄的风格。该款半裙为中长款角度裙，底摆围度较大，腰部无省褶结构；前裙片、后裙片均为整片，无分割；装直腰头，侧缝处装隐形拉链，直通到腰口处，如图 2-11 所示。

2. 实施步骤

（1）根据公式：扇形弧长 = 扇形角度 $/360 \times 2\pi R$，得到等式：$\alpha/360 \times 2\pi r = 35$ cm，$\alpha/360 \times 2\pi$（$r+$ 裙长 – 腰头宽）$=112$ cm。α、r 所指代的含义如图 2-12 所示，得到 $r=31.4$ cm，角度 α 约 64°，如图 2-12 所示。

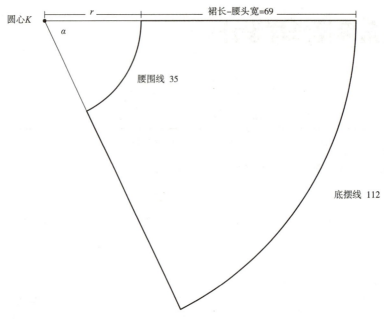

图 2-12　角度裙纸样设计分析图（单位：cm）

（2）以半径 r=31.4 cm、α=64° 的尺寸画小扇形，得到前腰围曲线。

（3）以半径 R=r+裙长 - 腰头宽 =100.4 cm、α=64° 的尺寸画大扇形，得到前底摆曲线。

（4）后腰围比前腰围曲线下落 1 cm，其他线条前后裙片共用。

（5）绘制腰头。绘制矩形，长为 W，宽为腰头宽。

3. 实施结果

裙片纸样设计如图 2-13 所示。

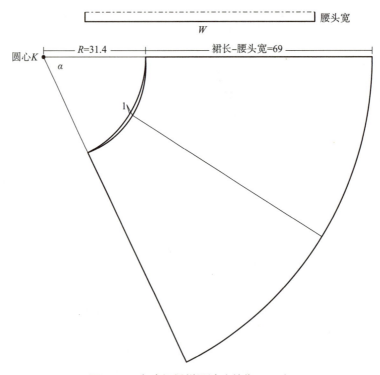

图 2-13　角度裙纸样设计（单位：cm）

4. 实施难点

（1）利用腰围和底摆围的公式求出所需半径 r 及扇形角度 α，在绘制以 r 为半径的小圆和以（r+ 裙长 – 腰头宽）为半径的大圆。

（2）后腰围线比前腰围线下降 1 cm。

（3）角度裙的绘制方法也适用于半圆裙和整圆裙。

（4）在绘制半圆裙和整圆裙纸样时，根据面料的厚薄特质，在底摆中间位置去掉合适的量，避免因面料斜丝产生多余的量。

5. 纸样放缝

角度裙纸样放缝如图 2-14 所示。

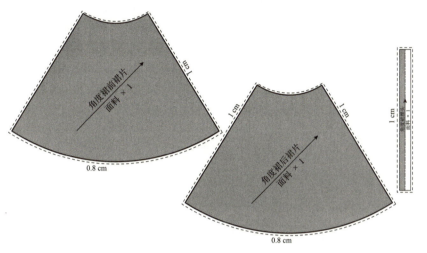

角度裙纸样设计

图 2-14　角度裙纸样放缝图

6. 任务评价

根据完成的时间、情况进行自我评定和教师评定，综合分析学生的掌握情况，及时纠错答疑，强化重点环节，巩固测试强化薄弱环节。

评价项目及要求		任务完成情况记录（学生自评）	存在问题及成绩评定（教师评定）
线迹	线型应用正确，线条流畅，纸面（界面）干净整洁		
	结构线造型准确		
	轮廓线和内部结构线标记清晰、明确		
纸样	各部位规格准确		
	腰口线、底摆弧线圆顺流畅		
样板	各纸样提取准确		
	各处缝份加放合理		
	标注样片信息		
	标注对位点		
完成时间		总分	

任务四 A型褶裥裙

任 务 单

任务名称	A型褶裥裙纸样设计		
任务要求：根据给定的款式（图2-15），以小组为单位，协作探究，启发互助，独立完成并提交作业			
规格表	单位：cm		
部位	规格		
号型	160/68A		
裙长	73		
腰围	68		
臀围	102		
下摆围	126		
腰头宽	4		

图2-15 A型褶裥裙款式图

纸样技术要求：
1. 手工或CAD工具完成纸样变化。
2. 纸样符合人体结构和款式特征。
3. 正确使用制图线条与符号，图线清晰、流畅，细节处理得当。
4. 放缝缝边准确，标注用料方向、对位、缩量等必要信息。
5. 裁片名称、数量、规格代号标示清楚

任务实施

1. 款式分析

该款半裙为四片A型裙。前片左右各两个褶裥，有斜插袋，前中开前门襟；后片腰部抽碎褶。半裙装直腰头，前腰部分正常，后腰部分装松紧带，用于调节裙子的腰围尺寸，如图2-15所示。

2. 实施步骤

（1）绘制前片基础线。绘制上平线；绘制前中心线，长度＝裙长－腰头宽；绘制下平线；做上平线的平行线，间距为18 cm，得到臀围线；作前中心线的平行线，间距为H/4，得到前臀围宽。

（2）绘制前腰围线。在上平线上，距前中心线W/4+4 cm的地方画点，向上作0.7 cm的垂线，为侧缝起翘量。连接垂线端点和前中心点，绘制曲线，得到前腰围线。

（3）绘制侧缝线。连接前腰围线端点、臀围线端点、下平线上距前中心线长度为摆围/4 的点，绘制曲线，得到侧缝线。

（4）绘制底摆线。在侧缝线起翘 1.2 cm，连接前中心线端点，得到底摆线。

（5）绘制前片褶裥。在前腰围线上，距前中心 8.5 cm 的地方画褶裥。褶裥长 4 cm，宽 2 cm。两褶裥间距 3 cm。

（6）绘制后片基础线。绘制后中心线；绘制后中心线的平行线，间距为 H/4，得到后臀围宽。

（7）绘制后腰围线。在上平线上，距后中心线 W/4+4 cm 的地方画点，向上作 0.7 cm 的垂线，为侧缝起翘量；后中心线端点下落 1 cm 与该垂线端点连接，绘制曲线，得到后腰围线。

（8）绘制后侧缝线。连接后腰围线端点、臀围线端点、下平线上距后中心线长度 1/4 为摆围的点，绘制曲线，得到侧缝线。

（9）绘制底摆线。在侧缝线起翘 1.2 cm，连接后中心线端点，得到底摆线。

（10）绘制前门襟。前门襟宽 3.5 cm，长 15 cm，绘制圆角。

（11）绘制斜插袋。距前腰围侧缝端点 3.5 cm 的地方画点，连接侧缝线上距端点 15 cm 的点，得到斜插袋结构。

（12）绘制口袋布。距斜插袋 8 cm 的地方向下作垂线，长 22 cm，再作一条 10 cm 的水平线，连接直线端点与斜插袋止口向下 2 cm 的点，绘制曲线，得到口袋布的结构线。

（13）绘制腰头。绘制矩形，长为 W+8（松紧量）+3.5 cm（搭门量）；宽为 4 cm。

3. 实施结果

裙片纸样设计如图 2-16 所示。

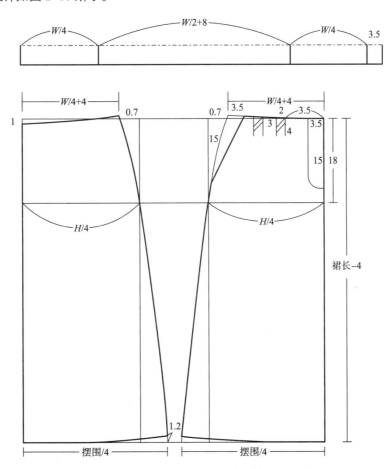

图 2-16   A 型褶裥裙纸样设计（单位：cm）

4. 实施难点

（1）在确定摆围尺寸时，可根据摆围尺寸确定底摆宽度；无摆围尺寸时，可采用 A 型裙纸样设计中摆围的设计方法，通过臀围线向下 10∶1 ~ 10∶1.5 的比值来确定，增加底摆围度。

（2）该款半裙将臀腰差以前片褶裥、后片松紧量的形式来处理，增加了腰围尺寸的包容性。

（3）A 型裙底摆有起翘量，侧缝和底摆线的夹角为 90°，目的是让裙摆在缝合后保持圆顺。

（4）在制作腰头纸样时，需要加出松紧量。

5. 纸样放缝

A 型褶裥裙纸样放缝如图 2-17 所示。

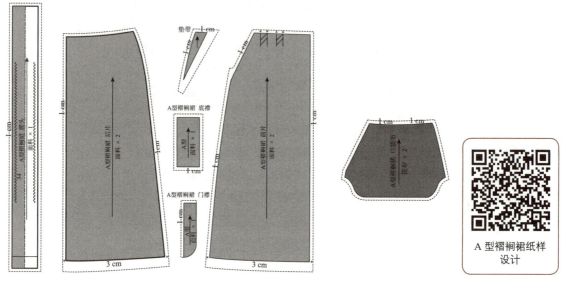

图 2-17　A 型褶裥裙纸样放缝图

6. 任务评价

根据完成的时间、情况进行自我评定和教师评定，综合分析学生的掌握情况，及时纠错答疑，强化重点环节，巩固测试强化薄弱环节。

评价项目及要求		任务完成情况记录（学生自评）	存在问题及成绩评定（教师评定）
线迹	线型应用正确，线条流畅，纸面（界面）干净整洁		
	结构线造型准确		
	轮廓线和内部结构线标记清晰、明确		
纸样	各部位规格准确		
	前片褶裥绘制准确		
	A 型裙底摆围展开适量，底摆起翘		
	腰头加入松紧松量		
样板	各纸样提取准确		
	各处缝份加放合理		
	标注样片信息		
	标注对位点		
完成时间		总分	

任务五　分割波浪裙纸样设计

任务单

任务名称	分割波浪裙纸样设计

任务要求：根据给定的款式（图 2-18），以小组为单位，协作探究，启发互助，独立完成并提交作业

规格表	单位：cm
部位	规格
号型	160/68A
裙长	45
腰围	68
臀围	94
腰头宽	4

图 2-18　分割波浪裙款式图

纸样技术要求：
1. 手工或 CAD 工具完成纸样变化。
2. 纸样符合人体结构和款式特征。
3. 正确使用制图线条与符号，图线清晰、流畅，细节处理得当。
4. 放缝缝边准确，标注用料方向、对位、缩量等必要信息。
5. 裁片名称、数量、规格代号标示清楚

任务实施

1. 款式分析

该款半裙为 A 型短款半裙；前裙片三片式纵向分割，无腰省；前片底摆为不对称波浪形设计，有碎褶；后裙片四片式纵向分割，无腰省。后片底摆抽碎褶，呈波浪形；半裙装直腰头，后中装明拉链，如图 2-18 所示。

2. 实施步骤

（1）绘制前片基础线。绘制上平线；绘制前中心线，长度＝裙长－腰头宽；绘制下平线；作上平线的平行线，间距为 18 cm，得到臀围线；绘制前臀围宽，间距为 $H/4$。

（2）绘制前腰围线。距前中心线端点，长度为 $W/4+2.5$ cm 的地方，向上作 0.7 cm 的垂线，用曲线连接垂线端点与前中心点，得到前腰围线。

（3）绘制侧缝线。连接垂线端点、前臀围线端点、侧缝辅助线向外 2 cm 的点，得到侧缝曲线。

（4）绘制底摆线。底摆起翘 1 cm，曲线连接该点与前中心线端点，得到底摆线。

（5）绘制纵向分割线。将腰围曲线、前臀围线、底摆曲线两等分，连接等分点，得到前片分割线。在前腰围线上，分别距等分点 1.25 cm 画点，连接该点与前臀围线两等分点。

（6）绘制横向分割线。对称裙片。分别在侧缝线、纵向分割线上向上量取 10 cm、17 cm、10 cm，曲线连接，完成横向分割线。

（7）绘制后片基础线。过上平线，向下作垂线，交于下平线，得到后中心线。作后中心线的平行线，间距为 $H/4$，得到侧缝辅助线。

（8）绘制后腰围线。在上平线上，距后中心线端点，长度为 $W/4+2.5$ cm 的地方，向上作 0.7 cm 的垂线。后中心线端点下落 1 cm，用曲线连接，得到后腰围线。

（9）绘制侧缝线。用曲线连接垂线端点、后臀围线端点、侧缝辅助线向外 2 cm 的点，得到后侧缝曲线。

（10）绘制底摆线。底摆起翘 1 cm，用曲线连接该点与后中心线端点，得到后片底摆线。

（11）绘制后片纵向分割线。将后腰围线、后臀围线、底摆曲线两等分，用曲线连接等分点，得到后片纵向分割线。在后腰围线上，分别距等分点 1.25 cm 的地方画点，曲线连接该点与后臀围线两等分点。

（12）绘制横向分割线。在后中心线和后侧缝线上，分别向上量取 10 cm，曲线连接，得到横向分割线。

（13）绘制前片底摆展开结构。前片底摆上边共展开 20 cm，下边展开 32 cm。

（14）绘制后片底摆展开结构。后片底摆上边展开 20 cm，下边展开 32 cm。

（15）绘制腰头。绘制矩形，长为腰围，宽为 4 cm，两端各剪掉 1 个边长 1 cm 的直角三角形，得到图 2-18 所示的腰头纸样。

3. 实施结果

裙片纸样设计如图 2-19 ～ 图 2-21 所示。

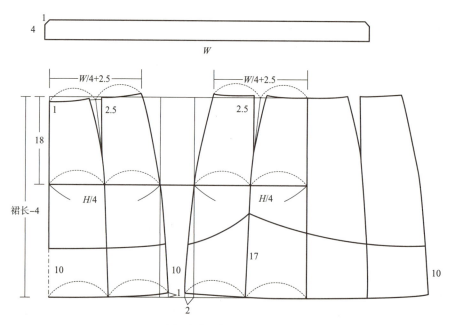

图 2-19　分割波浪裙纸样设计（单位：cm）

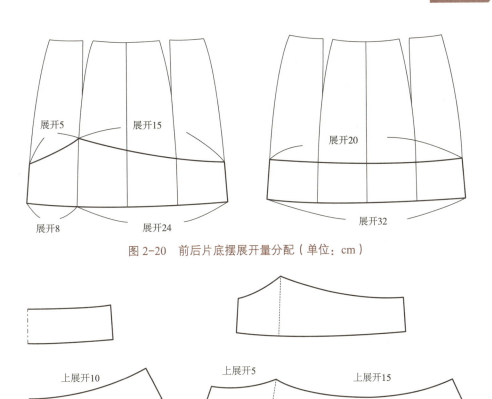

图 2-20　前后片底摆展开量分配（单位：cm）

图 2-21　前后片底摆展开纸样（单位：cm）

4. 实施难点

（1）半裙前底摆采用不对称设计，在制版过程中需要先将前片对称，再作横向分割线的绘制。

（2）前后底摆有展开量，要将展开量按比例分配。

（3）在绘制纸样时，如果采用 CAD 制版，可使用展开工具；如果手工绘制，可采用剪切展开法。

5. 纸样放缝

分割波浪裙片纸样放缝如图 2-22 所示。

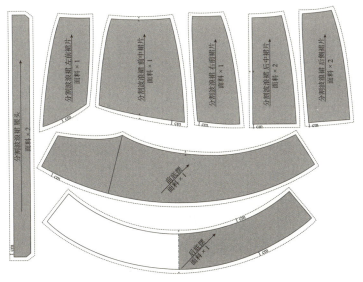

分割波浪裙纸样
设计

图 2-22　分割波浪裙纸样放缝图

6.任务评价

　　根据完成的时间、情况进行自我评定和教师评定，综合分析学生的掌握情况，及时纠错答疑，强化重点环节，巩固测试强化薄弱环节。

	评价项目及要求	任务完成情况记录 （学生自评）	存在问题及成绩评定 （教师评定）
线迹	线型应用正确，线条流畅，纸面（界面）干净整洁		
	结构线造型准确		
	轮廓线和内部结构线标记清晰、明确		
纸样	各部位规格准确		
	腰省量分配合理		
	前片不对称结构绘制思路准确		
	前后底摆展开量合理，展开方式准确		
样板	各纸样提取准确		
	各处缝份加放合理		
	标注样片信息		
	标注对位点		
完成时间		总分	

任务六　连腰半裙纸样设计

任 务 单

任务名称	连腰半裙纸样设计

任务要求：根据给定的款式（图2-23），以小组为单位，协作探究，启发互助，独立完成并提交作业

规格表	单位：cm
部位	规格
号型	160/68A
裙长	42
腰围	70
臀围	96
下摆围	106

图2-23　连腰半裙款式图

续表

纸样技术要求：

1. 手工或 CAD 工具完成纸样变化。

2. 纸样符合人体结构和款式特征。

3. 正确使用制图线条与符号，图线清晰、流畅，细节处理得当。

4. 放缝缝边准确，标注用料方向、对位、缩量等必要信息。

5. 裁片名称、数量、规格代号标示清楚

任务实施

1. 款式分析

该款半裙为短款连腰 A 型裙，前片左右各一个腰省，装饰袋盖设计；前中门襟为假门襟，钉四颗装饰扣。后片左右各一个腰省，后中装隐形拉链；底摆折边 2.5 cm，如图 2-23 所示。

2. 实施步骤

（1）绘制前片基础线。绘制上平线；绘制前中心线，长度 = 裙长 – 腰头宽；绘制下平线；作上平线的平行线，间距为 18 cm，得到臀围线。前臀围宽 H/4。

（2）绘制前腰围线。前腰围宽 W/4+2.5 cm，侧缝起翘量 0.7 cm。

（3）绘制侧缝线。用曲线连接前腰围线端点、臀围线端点、下平线距前中心线端点距离等于摆围 1/4 的点，得到侧缝线。

（4）绘制底摆线。在侧缝线上起翘 1 cm，得到底摆线。

（5）绘制前腰。分别在前中心点、前腰围线端点，作腰围线的垂线，长为 3 cm，即腰头的宽度。再作前腰围线的平行线，分别相交于两垂线，得到腰口线。

（6）绘制前腰省。将腰口两等分，过等分点作垂直于腰口线的直线，长度为 8 cm，为省中心线。做腰省，在腰头部分的省量保持一致，为 2.5 cm。从腰围线开始往里收，完成前腰省的绘制。

（7）绘制装饰袋盖。袋盖长度 10 cm，两边 3.5 cm，尖角处 5 cm。

（8）绘制前门襟。对称前裙片，在前中心线左右各取 1.5 cm 作为假门襟的宽度。在一侧门襟处加入 6 cm 褶量。

（9）绘制后片基础线。绘制后中心线；后臀围宽 H/4。

（10）绘制后腰围线。后腰围宽 W/4+2.5 cm，侧缝起翘量 0.7 cm。

（11）绘制后侧缝线。用曲线连接后腰围线端点、臀围线端点、下平线距后中心线端点距离等于 1/4 摆围的点，得到侧缝线。

（12）绘制底摆线。在侧缝线上起翘 1 cm，得到底摆线。

（13）绘制后腰。在后中心点、后侧缝端点分别作后腰围线的垂线，长度为 3 cm。作后腰围线的平行线，得到后腰口线。

（14）绘制后腰省。将腰口两等分，过等分点作垂直于腰口线的直线，长度为 10 cm，为省中心线。作腰省，在腰头部分的省量保持一致，为 2.5 cm。从腰围线开始往里收，完成后腰省的绘制。

3. 实施结果

裙片纸样设计如图 2-24 所示。

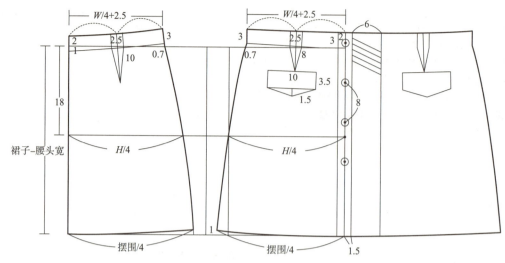

图 2-24　连腰半裙纸样设计（单位：cm）

4. 实施难点

（1）该半裙是连腰裙，腰省上部分的量保持一致，从腰围线开始往里收。

（2）半裙采用假门襟的设计，相当于做了一个上下固定的褶裥；在制作过程中缉明线、钉扣子。

（3）半裙为连腰设计，因为腰口为弧线，且款式合体，不宜折边，需要绘制腰贴纸样。

5. 纸样放缝

连腰半裙纸样放缝图如图 2-25 所示。

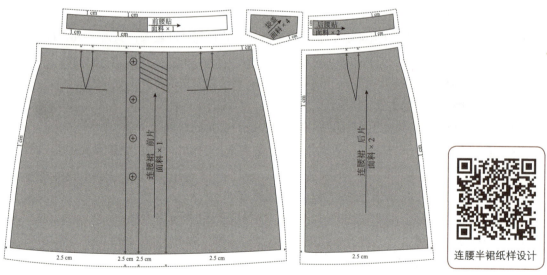

图 2-25　连腰半裙纸样放缝图

6. 任务评价

根据完成的时间、情况进行自我评定和教师评定，综合分析学生的掌握情况，及时纠错答疑，强化重点环节，巩固测试强化薄弱环节。

评价项目及要求		任务完成情况记录（学生自评）	存在问题及成绩评定（教师评定）
线迹	线型应用正确，线条流畅，纸面（界面）干净整洁		
	结构线造型准确		
	轮廓线和内部结构线标记清晰、明确		

续表

	评价项目及要求	任务完成情况记录 （学生自评）	存在问题及成绩评定 （教师评定）
纸样	各部位规格准确		
	连腰半裙腰省结构绘制准确		
	A 型裙底摆围展开适量，底摆起翘		
	腰头加入松紧松量		
样板	各纸样提取准确		
	各处缝份加放合理		
	标注样片信息		
	标注对位点		
完成时间		总分	

能量加油站

一、行业透视

　　扫描下方二维码，了解我国服装工艺基本技法，增加专业积累，开阔视野，了解我国服装的优秀文化和先进工艺。

了解服装工艺基本
技法

　　问题 1：简述自己了解的服装传统工艺技法有哪些。
　　问题 2：在现代服装设计生产中，哪些运用了传统元素和工艺技法？试举例说明。

二、华服课堂

　　随着我国传统服饰文化的兴起，年轻人对传统服饰的日常化穿着和新中式服装的接受程度越来越高。传统服饰走进生活，加深了人们对传统服饰文化的了解，弘扬了丰富的服饰文化内涵，增强了文化自信。下面介绍的是我国传统服饰中具有代表性的一种下裙——马面裙。

　　马面裙主要流行于明清时期。其裙摆由两个裙片组成，两个裙片分别在裙前和后面相互重叠，裙子两侧打褶裥。马面裙一般有四个裙门，裙门之间一般不做缝合处理，穿着时围在腰上，用系带固定。马面裙的裙门和裙摆上绣有各种精致的纹样，或运用镶、绲、拼贴等工艺装饰，其褶裥有平行褶和梯形褶。传统马面裙裙腰较宽，为符合现代服装穿着习惯，案例中将裙腰变窄，方便日常穿着，裙褶采用平行褶，如图 2-26 所示。

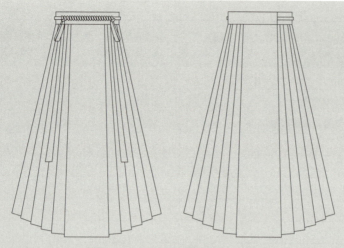

马面裙纸样设计

图 2-26　平行褶马面裙款式图

三、课后闯关

1. 理论练兵

扫描下方二维码，完成测试。

职业资格测试题

2. 技能实战

任务名称	A 型波浪裙纸样设计	
任务要求：根据给定的款式（图 2-27），结合各任务知识和技能的学习，进行任务探究，独立完成并提交作业		
规格表	单位：cm	
部位	规格	
号型	160/68A	
裙长	50	
腰围	70	
臀围	96	
腰头宽	4	

		图 2-27　A 型波浪裙款式图

续表

纸样技术要求：
1.手工或 CAD 工具完成纸样变化。
2.纸样符合人体结构和款式特征。
3.正确使用制图线条与符号，图线清晰、流畅，细节处理得当。
4.放缝缝边准确，标注用料方向、对位、缩量等必要信息。
5.裁片名称、数量、规格代号标示清楚

A 型波浪裙纸样　　　A 型波浪裙纸样　　　A 型波浪裙纸样
　　设计 1　　　　　　　设计 2　　　　　　　设计 3

小提示

　　在纸样结构设计中，一定要保持认真严谨的职业态度，对于结构线类型、粗细的把握及制图符号的标识要准确。例如对称纸样的结构图，中心线要使用点画线，表示工业纸样要对称展开。如果结构线表示不准确，可能会使后一环节的工作出现失误，浪费时间和精力，甚至造成经济损失。

四、企业案例

扫描下方二维码，查看女职业裙企业案例。

女职业裙制版原型　女职业裙净板　　女职业裙推板　　女职业裙面料衬料　女职业裙里料样板
　　样板　　　　　　　　　　　　　　　　　　　　　　样板

✂ 项目三
女裤纸样设计

主要内容

对应中级服装制版师职业资格中女裤部分的知识能力要求，学习女裤纸样设计知识，能识读技术文件进行产品款式分析，完成样板绘制和程序编制。

学习重点

女裤基本原型，前后片腰、臀、大小裆的分配及形状。

学习难点

女裤的廓形和腰位变化。

学习目标

1. 了解女裤基本知识，以及成型原理与人体形态的关联性；

2. 识读技术文件中的女裤款式结构特点；

3. 能够运用正确的量体方法进行量体，根据量体数据进行正确的加放，合理制定服装规格；

4. 能够根据款式图和规格表，灵活运用制版原理和结构设计方法进行款式分析与结构变化，完成纸样设计；

5. 能够给纸样合理添加缝份、剪口、扣位、布纹线等标识，完成工业纸样的设计；

6. 在裤装纸样设计的过程中，培养认真、严谨的制版习惯，养成良好的职业素养，培养审美意识，植入工匠情怀；

7. 在小组学习过程中，培养合作意识，锻炼创新思维和灵活性，提升综合素质。

一、女裤概述

裤子是下装中结构比较复杂的一类，泛指（人）穿在腰部以下的服装，一般由一个裤腰、一个裤裆、两条裤腿组合而成，是覆盖在人体腰节以下，贴腰、臀部并在髋底部位构成横裆结构的下装。结构制图时，裤子的横裆线以上部位是纸样设计的难点，横裆线以下部位是裤子轮廓造型的重点。裤子的合体性、美观性、功能性体现在结构的细节之中，是制图的关键。掌握好裤子的结构制图原理和方法，为裤子的变化结构纸样设计打下基础。

二、女裤结构线

根据人体腰部以下的结构，裤子的结构由上裆（股上长）和下裆（股下长）两部分组成，而围度部分主要由腰围、臀围、横裆、中裆、脚口五部分组成，如图 3-1 所示。腿围、膝围、脚口共同构成裤管结构，与臀围一起决定裤子的廓型。

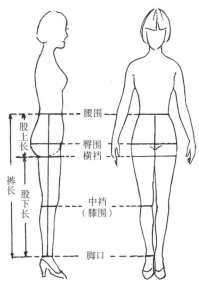

图 3-1　女裤的构成

三、裤子的分类

裤装有不同的分类形式，但大体可分为基本结构和变化结构两类。

（1）按长度分，裤装可分为热裤、短裤、五分裤、七分裤、九分裤、长裤，如图 3-2 所示。

1）热裤：长度到大腿根部。

2）短裤：长度到大腿。

3）五分裤：裤子的长度在膝盖部位。

4）七分裤：长度在小腿肚。

5）九分裤：长度在脚踝。

6）长裤：长度到脚掌。

图 3-2　裤装按长度分类

（2）按臀围的宽松量分，裤装可分为紧身裤、合体裤、宽松裤，如图 3-3 所示。

图 3-3　裤装按宽松量分类

（3）按廓形分，裤装可分为直筒裤（H形）、锥型裤（V形）、喇叭裤（X形）、马裤（O形），如图 3-4 所示。

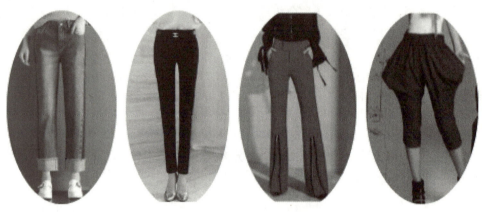

图 3-4　裤装按廓形分类

（4）按腰型分，裤装可分为低腰、平腰、中腰、高腰，如图 3-5 所示。

腰型是以标准腰线为基准将腰口线的位置进行上下移动而设计的。中腰是腰口线位置恰好在实际腰线；低腰是腰口线位置低于实际腰线；平腰是在中腰的基础上，去掉直腰头而形成的腰口线；高腰是腰口线位置高于实际腰线。

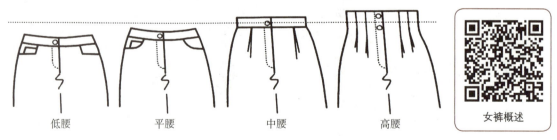

低腰　　　　　平腰　　　　　中腰　　　　　高腰

女裤概述

图 3-5　裤装按腰型分类

四、女裤的规格设计

1. 裤长

裤长是指裤子的全长。裤长的规格包括腰头的宽度和裤身的高度，是从人体的腰节线开始量至款式所需的长度。裤子的长度是变化量，同时也受脚口的宽度影响。一般情况下，脚口大，裤长可以加长；脚口小，裤长可以缩短。通常：

（1）西裤裤长为总体高的 0.6 倍 +4 cm。

（2）长直筒裤裤长为总体高的 0.6 倍 +6 cm。

（3）九分裤裤长为总体高的 0.6 倍 −6 cm。

（4）中裤裤长为总体高的 0.36 倍。

2. 腰围

裤子的腰围是人体的净腰围再加 0 ~ 4 cm 的放松量，一般女裤的腰围放松量为 0 ~ 2 cm，裤子的腰围是稳定量，当裤腰的位置发生变化时，如高腰裤、低腰裤，裤子的腰围尺寸要依据裤腰所接触的人体对应部位的围度尺寸设计，一般裤腰越低，裤腰所接触的身体部位越靠近臀部，裤子的腰围尺寸就越大。

3. 臀围

臀围是站立时量取的，人体运动时，臀围围度会产生变化，臀围最大可以增加 4 ~ 6 cm，并且由于女裤的裆部结构的牵制，为了满足臀部的活动量，因此需要加放一定的运动松量。女裤臀围一般最少加放 4 cm 以上，如果面料有一定弹性可以适当减少加放量。同时，由于款式造型的变化，还需要加入一定的调放松量。放松量的大小依据款式的需要而定。通常：

（1）牛仔裤臀围的放松量为 −4 ~ 0 cm。

（2）直筒裤臀围的放松量为 0 ~ 6 cm。

（3）西裤臀围的放松量为 6 ~ 10 cm。

（4）萝卜裤臀围的放松量为 10 ~ 16 cm。

（5）宽松裤臀围的放松量为 16 cm 以上。

4. 中裆

（1）宽松尺寸为臀围 $H \times 0.2$ 倍 +4 ~ 5 cm（不含裙裤）。

（2）适中尺寸为臀围 $H \times 0.2$ 倍 +2.5 ~ 3 cm。

（3）贴体尺寸为臀围 $H \times 0.2$ 倍 +1 ~ 2 cm。

5. 脚口

脚口尺寸是指裤脚下口的周长。脚口与裙子摆围性质相同，是设计量，其大小直接影响裤子的款式造型，一般情况下，脚口尺寸无须测量，制图时按照款式的需要和臀围、中裆尺寸的大小灵活设计。通常：

（1）V 形裤脚口：15 ~ 20 cm。

（2）H 形裤脚口：20 ~ 24 cm。

（3）X 形裤脚口：24 ~ 30 cm（微喇牛仔裤中裆与脚口差 5 cm 左右）。

（4）O 形裤脚口：脚踝部周长（脚口加螺纹或拉链、纽扣）。

（5）最小脚口测量尺寸：如图 3-6 所示。

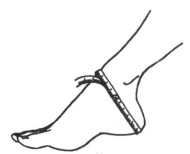

图 3-6　脚口的测量

任务一 女裤基本型

任务名称	女裤基本型纸样设计		
任务要求：根据给定的款式（图3-7），以小组为单位，协作探究，启发互助，独立完成并提交作业			
规格表	单位：cm		
部位	规格		
号型	160/68A		
裤长	98		
腰围	70		
臀围	94		
脚口	36		
腰头宽	3.5		

图 3-7　女裤基本型

纸样技术要求：

1. 手工或 CAD 工具完成纸样变化。

2. 纸样符合人体结构和款式特征。

3. 正确使用制图线条与符号，图线清晰、流畅，细节处理得当。

4. 放缝缝边准确，标注用料方向、对位、缩量等必要信息。

5. 裁片名称、数量、规格代号标示清楚

任务实施

1. 款式分析

女裤基本型是裤装结构中最简单、最基本的结构设计纸样，裤子装腰、前片左右各一个褶裥，门襟装拉链、钉扣，后片各一个省道。裤装基本型结构由裤长、腰围、臀围、横裆、中裆、脚口等尺寸组成，裤子裤长至脚踝以下，中裆略大于脚口，如图3-7所示。

2. 实施步骤

（1）基础线绘制（图3-8）。

1）画一长方形，宽70 cm，长＝裤长（L）-3.5 cm，右侧为前侧缝线位置，左侧为后侧缝线位置，上面腰围线位置，下面为脚口线位置。

2）从上平线向下量取 $H/4 \pm 1$ cm 作水平线，为横裆线。

3）上平线与横裆线之间下 1/3 作水平线，为臀围线。

4）横裆线与下平线之间 1/2 向上 3 cm，为中裆线。

5）右侧臀围线上量取 H/4-1 cm，为前中心线；左侧臀围线上量取 H/4+1 cm，为后中心线。

6）前中心线与横裆线交点向左 H/24，为前小裆宽。

7）后横裆线向下 1 cm，作落裆线。

8）后中心线与臀围线交点向上 15：3 作后裆斜线，其延长线分别与上平线和落裆线相交，并在上平线交点延长 2.5 cm，作后裆起翘。

9）后裆斜线与落裆线交点向右量取 H/10-1 cm，为后大裆宽。

10）前小裆宽与侧缝线的 1/2 为前挺缝线位置，后大裆宽与侧缝线的 1/2 向左 0.7 cm 为后挺缝线位置。

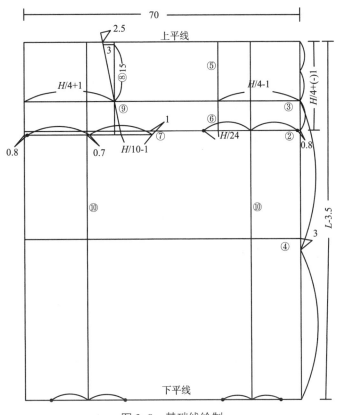

图 3-8　基础线绘制

（2）轮廓线绘制。

1）前片。

①前腰围线：前中心线劈进 1 cm，向下落 1 cm，量取 W/4+3.5 cm（省量）。

②前小裆弧线：按图 3-9 所示绘制前小裆弧线。

③前脚口线：在脚口线上将脚口 /2-2 cm 平均分配在前挺缝线两侧，确定前片脚口宽。

④前下裆线：脚口宽点与小裆宽点 1/2 相连，小裆宽点与中裆宽点圆顺连接，为前下裆线。

⑤中裆宽：在中裆线上，对称画出中裆宽点，确定中裆宽，并与脚口外侧宽点相连。

⑥前横裆大：在横裆线上与侧缝直线的交点处撇进 0.5 ~ 1 cm。

⑦圆顺连接前片侧腰点、横裆大中裆宽点、脚口宽点，完成裤子前片外轮廓线的绘制。

2）后片。

①后腰围线：后腰起翘点向左量取 W/4+2 cm（省量）与上平线相交。

②后大裆弧线：按图 3-10 所示绘制后大裆弧线。

③后脚口线：在脚口线上将脚口 /2+2 cm 平均分配在后挺缝线两侧，确定后片脚口宽。

④后中裆宽：在中裆线上，后中裆宽 1/2 等于前中裆宽 1/2+2 cm，对称画出中裆宽点，确定后中裆宽，并与脚口宽点相连。

⑤后下裆线：后大裆宽点与后中裆宽圆顺连接。

⑥后横裆大：在横裆线上与后侧缝直线的交点处撇进 0.5 ~ 1 cm。

⑦后片外轮廓线：圆顺连接后片侧腰点、横裆大点、中裆宽点、脚口宽点，完成裤子后片外轮廓线的绘制。

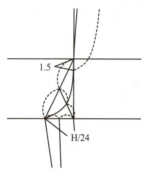
图 3-9 小裆弧线的画法

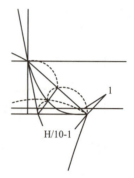
图 3-10 大裆弧线的画法

3）内部结构线。

①前片省道：在前挺缝线与上平线交点向左 0.5 cm 向右 3 cm 作前片褶裥；

②在腰围线上，前中心点向右 3 cm，与臀围线交点向下 1.5 cm 之间绘制前窿门车缝线标记。

③后片腰围线平均分成 2 等分，在 1/2 点作垂线，长 11 cm，宽 2 cm。完成后片省道绘制。

④腰带：长 = 腰长 +3 cm（搭门宽），宽 = 3.5 cm。

3. 实施结果

前后片的纸样设计如图 3-11 所示。

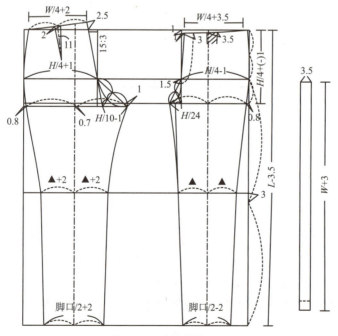

女裤基本型纸样设计

图 3-11 女裤基本型

4. 女裤结构分析

（1）立裆深。立裆深的尺寸设定与人体身高和臀围有关系，并直接影响裤子的合体度、运动效果和造型风格。如果立裆深太短，成品裤子的裆部与人体没有空间，容易出现勾裆现象；如果立裆深太长，成品裤子的裆部与人体空间过大，容易在人体运动时对裤腿形成牵拉，产生吊裆现象，影响运动和美观。

立裆深尺寸的设定可以通过计算的方法获得，即 $H/4-1$ cm 或身高 $/10+H/10$ cm；更要以人群、职场、面料、款型几个方面相结合，综合考虑立裆数值才能准确地设计出合适的尺寸。

（2）腰围线。基本型裤子的前腰中点下落 1 cm，裤子穿上以后前腰线处在人体腰节线的同水平线上，前裤管向前倾，利于人体活动。后腰线明显不同，裤子由于后翘的影响使后腰线呈斜线，这主要是横裆产生了牵制需增加的活动量。人体越胖，活动量越大，其后翘就越高。腰口基本计算公式为 $W/4+$ 省（褶）量。

（3）前后臀宽的分配关系。由于人体臀部的隆起量大于腹部，故一般情况下前臀宽为 $H/4-1$ cm，后臀宽为 $H/4+1$ cm，使侧缝线在人体两侧保持自然下垂状态。

（4）中裆线（膝围线）。裤基本型的中裆线为立裆深上 1/3 处与下平线间的 1/2 向上 3 cm 的位置，中裆略大于脚口。

1）V 形裤：横裆线至下平线间的 1/2，中裆大于脚口。

2）H 形裤：臀围线与下平线间的 1/2，中裆等于脚口。

3）A 形裤：上平线与下平线间的 1/2，中裆小于脚口。

（5）裤片省量的确定。由于人体一般是臀围大于腰围，为了使裤子合体，必须在腰部收省，如图 3-12 所示。

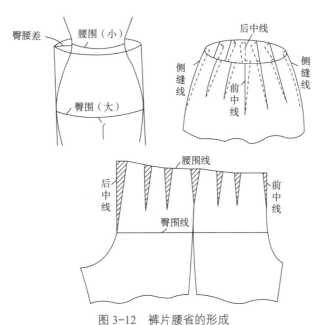

图 3-12　裤片腰省的形成

腰部收省应遵循一个原则，即前片的收省量都小于后片，而不能相反。这是由臀部的凸度大于腹部决定的。由于每个人的臀腰差不同，因此省量的大小也应有所变化，一般臀围较大而腰围较小者，省量应大些；反之，则小些。前片的省量也可以褶裥的形式出现。若臀腰差数过大，则可以从前裆线适当多撇进些或将前腰省加大一些，进行调整，以避免因侧缝上端收拢太急而形成鼓包，如图 3-13 所示。

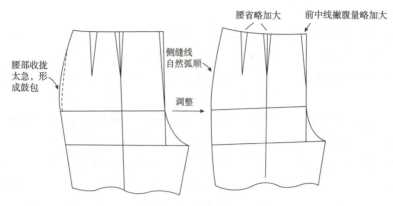

图 3-13　腰省与撇腹的调整

（6）前、后裆宽（也称前后窿门）。从女裤标准基本纸样中可以看出，前裆宽小于后裆宽，这是由人体的结构造成的（图 3-14）。另一个原因，人体的活动规律是臀部前屈大于后伸，因此，后裆的宽度要增加必要的活动量。另外，裆的宽度还要适当考虑人体的厚度，臀部尺寸相同的人，由于臀宽和臀厚不同，其裆宽是不一样的，臀部厚而窄的人，裆宽应大一些；臀薄而宽的人，裆宽应小一些，如图 3-15 所示，裆宽尺寸要合适，裆宽过大，周围起空，过小则臀部绷紧。

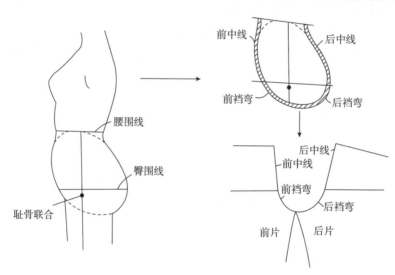

图 3-14　裤子前后裆弯的形成

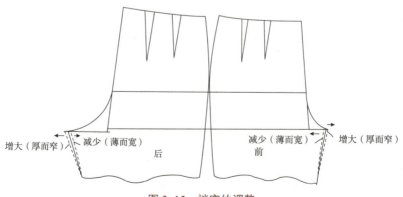

图 3-15　裆宽的调整

注：臀围尺寸相同。其臀部的厚度不同，裆宽的尺寸要做适当调整。

（7）落裆。后裤片落裆的产生主要是由人体裆部结构造成的。后裤片裆位置要在前裤片横裆线的基础上下落 1 ~ 1.5 cm。

（8）挺缝线。挺缝线又叫作裤中线、烫迹线。它是裤子结构设计中最重要的辅助线，主要起到对称平衡裤片的作用。裤中线的成型线分为两种基本形式：一种是前、后裤中线都是直线形；另一种是前裤中线为直线形，后裤中线为合体型的形式。前一种是裤子结构的基本框架，分别位于前、后横裆线的 1/2 处。后一种的后裤中线位于后横裆线宽中点的 1/2 向侧缝偏移 0.5 ~ 2 cm。偏移量越大，后裤中线越合体。

（9）后裆斜线。臀围与腰围的差数、臀凸的大小、裤子的宽松度都是影响后中线倾斜度的重要因素。臀腰差越大，臀部越丰满，臀部前屈活动所造成的后身用量越多，后中线的倾斜度越大；相反，臀腰差越小，后中线倾斜度也就越小。

臀凸越大，臀肌越发达，后中线的倾斜度就越大；相反，臀凸越小，臀肌越扁平，后中线的倾斜度就越小。较贴体的裤子，当人体运动时带动裤片的程度越明显，后中线的倾斜度越大；宽松的裤子，当人体运动时带动裤片的程度相对较小，后中线的倾斜程度也应小一些。

后裆斜线基本控制在 15:0 ~ 15:4 范围内。其中，对于后腰口收松紧（包括细褶）类型的裤子，后裆缝困势控制在 15:0 ~ 15:2 范围；对于普通西裤类型的裤子，后裆缝困势宜控制在 15:2 ~ 15:4 范围；并以臀腰差偏小者趋小，以臀腰差偏大者趋大；对于不加后省的牛仔裤西裤类型的裤子，后裆缝困势宜控制在 15:4 ~ 15:4.5 范围内。

（10）后腰起翘。为了适应人体下肢蹲、起、走、坐的需要，除应当调整立裆深尺寸、后中线倾斜度外，还要根据裤子的功能、人体的体形特征等增加适量的后腰起翘。一般情况下，正常体形或合体型裤子的后翘高度取 2.5 cm 左右为宜；凸臀体形或贴体型裤子的后翘高度取 3 cm 左右为宜；平臀体形或宽松型裤子的后翘高度取 1.5 cm 左右为宜。后翘高度与后中线倾斜度成正比，即后中线倾斜度越大，后翘高度就相对较大；后中线倾斜度越小，后翘高度相对较小。如果后翘过高，人体站立时后腰至臀部起涌；后翘过低，裤子则向下坠。

（11）后裆弧线。后裆弧线的弯曲程度对裤子的造型影响很大。弯度过深，下裆会起褶皱；弯度过浅，达不到人体所需要的弯度，会出现勾裆，如图 3-16 所示。

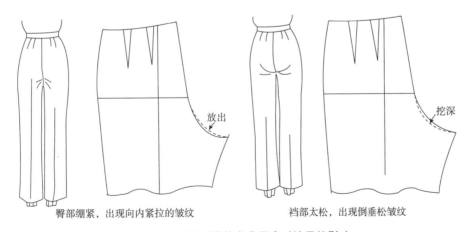

臀部绷紧，出现向内紧拉的皱纹　　　　　　档部太松，出现倒垂松皱纹

图 3-16　后裆弧线的弯曲程度对裤子的影响

（12）膝围线。膝围线的作用是为裤筒的造型提供基础线，在结构上不起作用，只是作为款式变化的参照物，在实际应用中，可根据造型需要作上下移动。

（13）前、后裤口线。前、后裤口线的宽度根据臀部比腹部大的原理，通常在制图时处理成后裤口大于前裤口。

5. 纸样放缝

纸样放缝如图 3-17 所示。

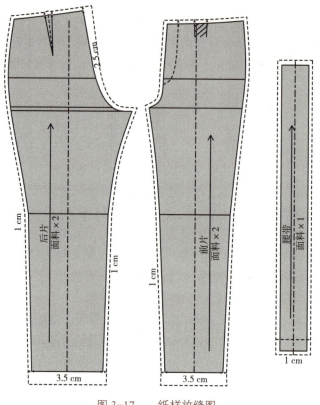

图 3-17　　纸样放缝图

6. 任务评价

根据完成的时间、情况进行自我评定和教师评定，综合分析学生的掌握情况，及时纠错答疑，强化重点环节，巩固测试强化薄弱环节。

	评价项目	任务完成情况记录（学生自评）	存在问题及成绩评定（教师评定）
线迹	线型应用正确，线条流畅，纸面（界面）干净整洁		
	结构线造型准确		
	轮廓线和内部结构线标记清晰、明确		
纸样	各部位规格准确		
	腰省量分配合理		
	腰带纸样设计与工艺制作方法相呼应		
样板	各纸样提取准确		
	各处缝份加放合理		
	标注样片信息		
	标注对位点		
完成时间		总分	

任务二　直筒女西裤纸样设计

任务单

任务名称	直筒女西裤纸样设计		
任务要求：根据给定的款式（图 3-18），以小组为单位，协作探究，启发互助，独立完成并提交作业			

规格表	单位：cm	
部位	规格	
号型	160/68A	
裤长	100	
腰围	70	
臀围	96	
脚口	40	
腰头宽	3.5	

图 3-18　直筒女西裤款式图

纸样技术要求：
1. 手工或 CAD 工具完成纸样变化。
2. 纸样符合人体结构和款式特征。
3. 正确使用制图线条与符号，图线清晰、流畅，细节处理得当。
4. 放缝缝边准确，标注用料方向、对位、缩量等必要信息。
5. 裁片名称、数量、规格代号标示清楚

任务实施

1. 款式分析

直筒女西裤又称 H 型女西裤，是生活中常见的裤型，其腰、臀部比较合体，中裆至脚口呈直筒状，装腰，前片左右设两个褶裥，两侧斜插袋，后片左右设两个省道，双嵌线挖袋，前开襟装拉链，如图 3-18 所示。

2. 实施步骤

（1）前片。

1）从上平线向下量取 $H/4 \pm 1$ cm 作水平线，为横裆线。

2）上平线与横裆线之间下 1/3 作水平线，为臀围线。

3）臀围线与下平线之间 1/2 向上 3 cm，为中裆线。

4）右侧臀围线上量取 $H/4-1$ cm 为前中心线。

5）前中心线与横裆线交点向左 $H/24$，为前小裆宽点。

6）前侧缝与横裆线交点向左 0.8 cm，为前横裆大点。

7）前小裆宽点与前横裆大点的 1/2 为前挺缝线。

8）在脚口线上将脚口 /2-2 cm 再除以 2 平均分配在前挺缝线两侧，确定前片脚口宽。

9）前中裆宽 /2= 前脚口宽 /2+0.3 cm，连接脚口和中裆，并与小裆宽点圆顺连接，完成前下裆线的绘制。

10）对称作出另外一侧。

11）前中心线与上平线交点向左劈进 0.5 cm 与臀围线和前中心线的交点、小裆宽点连接，圆顺绘制前小裆弧线。

12）从前小裆弧线与上平线交点处量取 $W/4-1+5$ cm（褶裥量）与上平线相交，交点为侧腰点。

13）圆顺连接前片侧腰点、臀围宽点、横裆大点。

14）前片省道：在前挺缝线与上平线交点向左 0.5 cm，量取 4.5 cm 作前片褶裥。

15）在腰围线上前中心点向右 3 cm 与臀围线交点向下 1.5 cm 之间绘制前窿门车缝线标记。

16）前斜插袋：前侧腰点向左 3.5 cm 到侧缝 17 cm 为袋口位，袋口为 14 cm。

（2）后片。

1）后横裆线向下 1 cm，作落裆线。

2）左侧臀围线上量取 $H/4+1$ 为后中心线。

3）后中心线与臀围线交点向上按 15∶3 作后裆斜线，其延长线分别与上平线和落裆线相交。

4）后裆斜线与落裆线交点向右量取 $H/10-1$ cm，为后大裆宽，圆顺绘制后大裆弧线。

5）后裆斜线在上平线交点延长 2.5 cm，作后裆起翘，后腰起翘点向左量取 $W/4+1+2$ cm（省量）与上平线相交，交点为后侧腰点。

6）横裆线与侧缝交点向右 0.8 cm 为后片横裆大点。

7）横裆大点与大裆宽点 1/2 向左 0.7 cm 作垂线，分别与上平线和下平线相交，为裤挺缝线。

8）在脚口线上，将脚口 /2+2 cm 再除以 2 平均分配在后挺缝线两侧，确定后片脚口宽。

9）后片中裆线上，量取前片中裆线 /2 的长度 +2 cm 确定后中裆宽，并与脚口宽点、大裆宽点相连，圆顺绘制下裆弧线。

10）对称画出另一侧。

11）圆顺连接后片侧腰点、臀围宽点、横裆大点、中裆宽点。

12）后片腰围线平均分成 2 等分，在 1/2 点作垂线，长 7.5 cm，宽 2 cm。完成后片省道绘制。

13）后片双嵌线挖袋：腰线向下 7.5 cm 做平等线，袋位距侧缝 4.5 cm，袋口为 13 cm。

（3）腰带：绘制一个长方形，长 = 腰长 +3 cm（搭门宽），宽 = 3.5 cm。

3. 实施结果

前后片的纸样设计如图 3-19 所示。

4. 实施难点

（1）直筒女西裤裤长略长，一般量至脚底位置。

（2）腰围加放 2 cm 的松量，臀围放松量比较适中，一般为 6 ~ 8 cm，脚口通常采用 $0.2H$ ~ $0.2H+$（2 ~ 5）cm。

（3）前后片腰围与臀围分配比例相同，前腰围 $W/4-1+$ 褶裥、后腰围 $W/4+1+$ 省量；前臀围 $H/4-1$ cm、后臀围 $H/4+1$ cm。

（4）中裆线位于臀围线与脚口线 1/2 向上 5 cm 的位置。中裆围在制版时如果和脚口一样大，视觉上会给人微喇叭裤的感觉，因此，中裆围略大于脚口围（1/2 脚口尺寸○ +0.3= ▲ 1/2 中裆围）。

（5）褶裥量和省量根据腰臀差调节大小。褶裥位于前挺缝线偏前 0.5 cm，再向后量取褶裥量 4.5 cm。

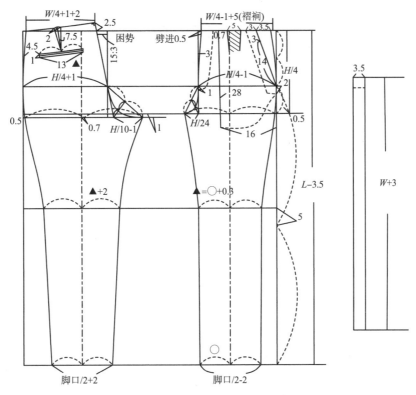

图 3-19   直筒女西裤纸样设计

5. 纸样放缝

直筒女西裤纸样放缝如图 3-20 所示。

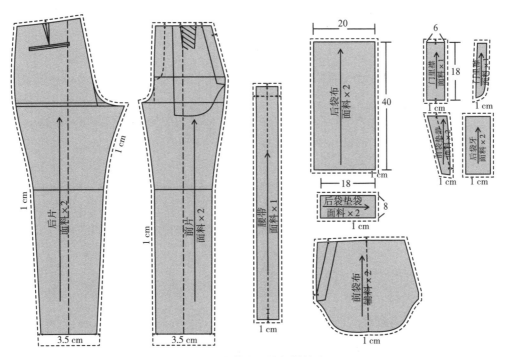

图 3-20   直筒女西裤纸样放缝图

6. 任务评价

根据完成的时间、情况进行自我评定和教师评定，综合分析学生的掌握情况，及时纠错答疑，强化重点环节，巩固测试强化薄弱环节。

评价项目		任务完成情况记录（学生自评）	存在问题及成绩评定（教师评定）
线迹	线型应用正确，线条流畅，纸面（界面）干净整洁		
	结构线造型准确		
	轮廓线和内部结构线标记清晰、明确		
纸样	各部位规格准确		
	腰省量分配合理		
	腰带纸样设计与工艺制作方法相呼应		
样板	各纸样提取准确		
	各处缝份加放合理		
	标注样片信息		
	标注对位点		
完成时间		总分	

任务三　牛仔喇叭裤纸样设计

任务单

任务名称	牛仔喇叭裤纸样设计

任务要求：根据给定的款式（图 3-21），以小组为单位，协作探究，启发互助，独立完成并提交作业

规格表	单位：cm	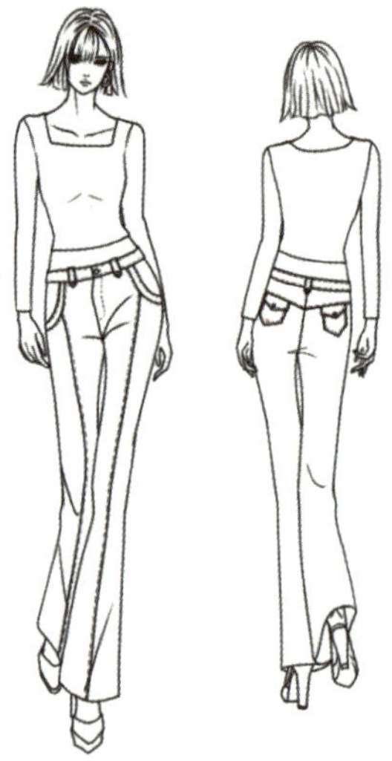
部位	规格	
号型	160/68A	
裤长	100	
腰围	74	
臀围	94	
中裆	40	
脚口	48	
腰宽	4	

图 3-21　牛仔喇叭裤款式图

纸样技术要求：
1. 手工或 CAD 工具完成纸样变化。
2. 纸样符合人体结构和款式特征。
3. 正确使用制图线条与符号，图线清晰、流畅，细节处理得当。
4. 放缝缝边准确，标注用料方向、对位、缩量等必要信息。
5. 裁片名称、数量、规格代号标示清楚

任务实施

1. 款式分析

牛仔喇叭裤腰位降低到腰线以下，中腰结构，腰带上三个裤袢带，前片弧线形斗口，外贴边，沿斗口至脚口竖向分割，并车缝明线装饰，门襟装拉链，后片育克分割内夹袋盖贴袋，并车缝明线装饰，如图 3-21 所示。

2. 实施步骤

（1）前片。

2）从上平线向下量取 $H/4-1$ 作水平线，为横裆线。

3）上平线与横裆线之间下 1/3 作水平线为臀围线。

4）臀围线与下平线之间 1/2，向上 6 cm 为中裆线。

5）右侧臀围线上量取 $H/4-1$ cm 为前中心线。

6）前中心线与横裆线交点向左 $H/24$，为前小裆宽点。

7）前侧缝与横裆线交点向左 0.8 cm，为前横裆大点。

8）前小裆宽点与前横裆大点的 1/2 为前挺缝线。

9）在脚口线上将脚口 /2-2 cm 再除以 2 平均分配在前挺缝线两侧，确定前片脚口宽。

10）在中裆线上将中裆 /2-2 cm 再除以 2 平均分配在前挺缝线两侧，确定前片中裆宽。

11）脚口宽点与中裆宽点顺直连接，再与小裆宽点圆顺连线，完成前下裆线的绘制，对称作出另外一侧。

12）前中心线与上平线交点向左劈进 1.5 cm 与臀围线和前中心线的交点、小裆宽点连接，圆顺绘制前小裆弧线。

13）从前小裆弧线与上平线交点向下低落 1 cm 处量取 $W/4+1$ cm（省量）与上平线相交，交点为侧腰点。

14）圆顺连接前片侧腰点、臀围宽点、中裆宽点。

调整裤片上各条曲线，完成裤子前片外轮廓线的绘制。

15）前片腰线向下 4 cm 平行绘制腰带宽，腰缝与侧缝交点向左 6 cm 到侧缝 14 cm 作袋口弧线。

16）绘制袋口贴边，在袋口贴边弧线适当位置经过前片中裆中点到脚口绘制圆顺的分割线。腰缝与小裆弧线交点向右 3 cm 与臀围线交点向下 1.5 cm 之间绘制前窿门车缝线标记。

（2）后片。

1）后横裆线向下 1 cm，作落裆线。

2）左侧臀围线上量取 $H/4+1$ cm，为后中心线。

3）后中心线与上平线交点向左 3 cm 作后裆斜线，其延长线分别与落裆线相交。

4）后裆斜线与落裆线交点向右量取 $H/10-1$ cm，为后大裆宽，圆顺绘制后大裆弧线。

5）后裆斜线在上平线交点处延长 2 cm，作后裆起翘，后腰起翘点向左量取 $W/4+2$ cm（省量）与上平线相交，交点为后侧腰点。

6）横裆线与侧缝交点向右 0.8 cm 为后片横裆大点。

7）横裆大点与大裆宽点 1/2 向左 0.7 cm 作垂线分别与上平线和下平线相交，为裤挺缝线。

8）在脚口线上，将脚口 /2+2 cm 再除以 2 平均分配在后挺缝线两侧，确定后片脚口宽。

9）在中裆线上，将中裆 /2+2 cm 再除以 2 平均分配在后挺缝线两侧，确定后片中裆宽。

10）脚口宽点与中裆宽点顺直连接，再与小裆宽点圆顺连线，完成后片下裆线的绘制，对称作出另外一侧。

11）圆顺连接后片侧腰点、臀围宽点、中裆宽点。调整裤片上各条曲线，完成后片轮廓线的绘制。

12）后片腰围线平向下 4 cm 平行绘制腰带宽，腰缝与侧缝交点向下 4 cm 和腰缝与大裆斜线交点向下 6 cm 连线为育克分割线。腰线平均分成 2 等分，在 1/2 点作垂线，长至育克分割线，宽为 2 cm，完成后片省道绘制。

13）在育克分割线下面设计贴袋进行绘制，如图 3-22 所示。

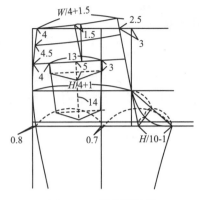

图 3-22　后带盖贴袋

3. 实施结果

前后片的纸样设计如图 3-23 所示。

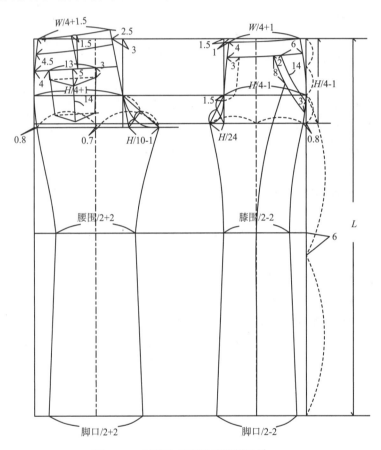

低腰牛仔喇叭裤
纸样设计

图 3-23　低腰牛仔喇叭裤纸样设计

4. 实施难点

（1）牛仔喇叭裤立裆稍短，臀围放松量适当减小；中裆线上提，裤腿上窄下宽，从膝盖以下逐渐张开，脚口的尺寸明显大于中裆的尺寸，形成喇叭状，这种造型在视觉上拉长了腿的长度。

（2）牛仔喇叭裤腰型为弧形腰结构，腰围尺寸需测量腰部最细处向下 3 ~ 4 cm 的围度，再加 1 ~ 2 cm 的松量。前后片腰部都有省道转移，前片省道通过前中心消掉 1 cm 的省量，裤片上多余的量通过工艺缩缝的方式解决掉。前腰头因为有里襟存在，所以分左右两片，右片与左片对称，右片需要在前中心加 3 cm 的搭门量。后片的省需要通过合并腰与育克之间的省道进行转移，后中心腰带连折（图 3-24）。

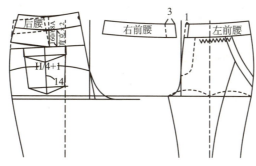

图 3-24　低腰牛仔喇叭裤腰型设计

（3）前中的纵向分割线及后片的育克设计、贴袋设计也是本款裤子的设计要点，既起到装饰的作用，也丰富了裤身的结构。

5. 纸样放缝

低腰牛仔喇叭裤纸样放缝如图 3-25 所示。

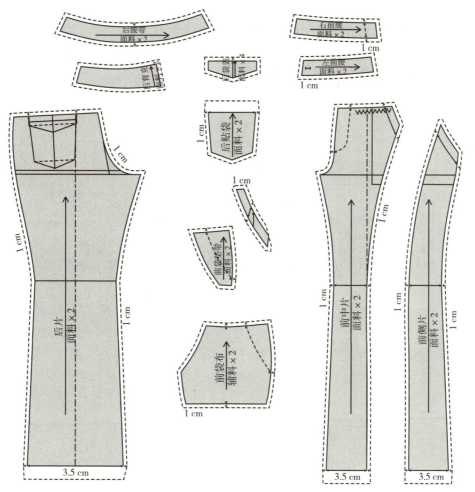

图 3-25　低腰牛仔喇叭裤纸样放缝图

6. 任务评价

根据完成的时间、情况进行自我评定和教师评定，综合分析学生的掌握情况，及时纠错答疑，强化重点环节，巩固测试强化薄弱环节。

评价项目		任务完成情况记录 （学生自评）	存在问题及成绩评定 （教师评定）
线迹	线型应用正确，线条流畅，纸面（界面）干净整洁		
	结构线造型准确		
	轮廓线和内部结构线标记清晰、明确		
纸样	各部位规格准确		
	腰省量分配合理		
	喇叭裤前片分割线设计圆顺、优美		
	腰带纸样设计与工艺制作方法相呼应		
样板	各纸样提取准确		
	各处缝份加放合理		
	标注样片信息		
	标注对位点		
完成时间		总分	

任务四　低腰铅笔裤纸样设计

任务单

任务名称	低腰铅笔裤纸样设计

任务要求：根据给定的款式（图3-26），以小组为单位，协作探究，启发互助，独立完成并提交作业

规格表	单位：cm	
部位	规格	
号型	160/68A	
裤长	100	
腰围	74	
臀围	94	
脚口	30	
腰宽	4.5	

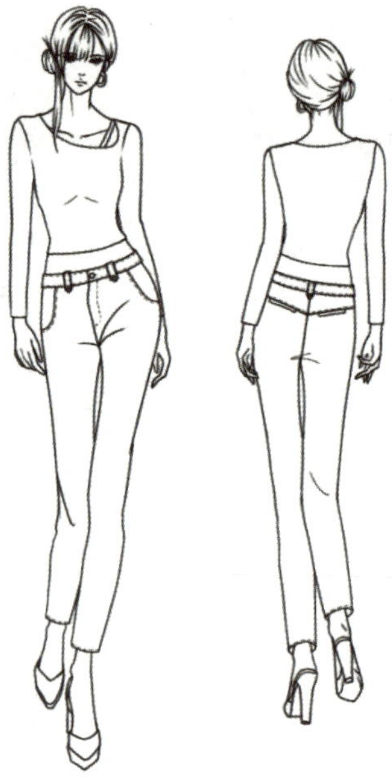

图 3-26　铅笔裤款式图

纸样技术要求：
1. 手工或 CAD 工具完成纸样变化。
2. 纸样符合人体结构和款式特征。
3. 正确使用制图线条与符号，图线清晰、流畅，细节处理得当。
4. 放缝缝边准确，标注用料方向、对位、缩量等必要信息。
5. 裁片名称、数量、规格代号标示清楚

任务实施

1. 款式分析

低腰铅笔裤裤长至脚踝，腰位降低到腰线以下，腰围尺寸大于净腰围、腰带上三个裤袢带，裤长至脚踝，前片弧线形斗口，门襟装拉链，后片育克分割下面单嵌线挖袋，如图 3-26 所示。

2. 实施步骤

（1）前片。

1）从上平线向下量取 $H/4-1$ cm 作水平线，为横裆线。

2）上平线与横裆线之间下 1/3 作水平线，为臀围线。

3）横裆线与下平线之间 1/2，为中裆线。

4）右侧臀围线上量取 $H/4-1$ cm，为前中心线。

5）前中心线与横裆线交点向左 $H/24$，为前小裆宽点。

6）前小裆宽点与侧缝间 1/2 为前挺缝线。

7）在脚口线上将脚口 /2-2 cm 再除以 2 平均分配在前挺缝线两侧，确定前片脚口宽。

8）脚口宽点与小裆宽点连线，在中裆处向内进 1.5 cm 圆顺绘制前下裆线，确定中裆宽。

9）对称作出另外一侧。

10）前中心线与上平线交点向左劈进 1.5 cm 与臀围线和前中心线的交点、小裆宽点连接，圆顺绘制前小裆弧线。

11）从前小裆弧线与上平线交点向下低落 1 cm 处量取 $W/4+1$ cm（省量）与上平线相交，交点为侧腰点。

12）圆顺连接前片侧腰点、臀围宽点、中裆宽点。

调整裤片上各条曲线，完成裤子前片外轮廓线的绘制。

13）前片腰线向下 2.5 cm 平行绘制低腰腰口线，再向下 4.5 cm 作平行线，绘制腰带宽线。腰带下口线与侧缝交点向左 8.5 cm 到侧缝 14 cm 做袋口弧线。

14）腰缝与小裆弧线交点向右 3 cm 与臀围线交点向下 1.5 cm 之间绘制前窿门车缝线标记。

15）挺缝线两侧做前腰省，省宽 1 cm，省长至腰带下口线。省道合并，圆顺弧形腰线。裤片前片内部结构线完成。

（2）后片。

1）后横裆线向下 1 cm，作落裆线。

2）左侧臀围线上量取 $H/4+1$ cm，为后中心线。

3）后中心线与上平线交点向左 4 cm 作后裆斜线，其延长线分别与落裆线相交。

4）后裆斜线与落裆线交点向右量取 $H/10-1$ cm，为后大裆宽，圆顺绘制后大裆弧线。

5）后裆斜线在上平线交点处延长 3 cm，作后裆起翘，后腰起翘点向左量取 $W/4+1.5$ cm（省量）与上平线相交，交点为后侧腰点。

6）大裆宽点与侧缝间 1/2 作垂线，分别与上平线和下平线相交，为裤挺缝线。

7）在脚口线上，将脚口 /2+2 cm 再除以 2 平均分配在后挺缝线两侧，确定后片脚口宽。

8）量取前片中裆线 1/2 的长度，在后片中裆线上按 1/2 前中裆长 +2 cm 确定后 1/2 中裆宽，并与脚口宽点、大裆宽点相连，圆顺绘制下裆弧线。

9）对称画出另一侧。

10）圆顺连接后片侧腰点、臀围宽点、中裆宽点。

调整裤片上各条曲线，完成后片轮廓线的绘制。

11）后片腰围线向下 42.5 cm 平行绘制腰口弧线，再向下 4.5 cm 平行绘制腰带宽。

12）腰缝与侧缝交点向下 3.5 cm 和腰缝与大裆斜线交点向下 5 cm 连线为育克分割线。

13）育克分割线与侧缝交点向右 4 cm 为单嵌线挖袋，嵌线宽 1.5 cm，兜口长 13 cm，并与育克分割线平行。

14）兜口 1/2 点与腰线的垂线为后片腰省位，省宽 1.5 cm，合并省道，圆顺后片腰带和育克分割线。

3. 实施结果

前后片的纸样设计如图 3-27 所示。

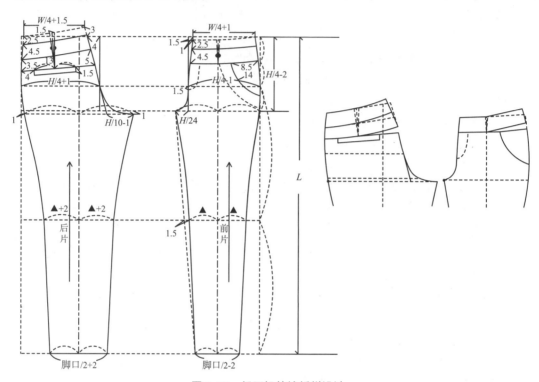

图 3-27　低腰铅笔裤纸样设计

4. 实施难点

（1）低腰铅笔裤立裆更短，臀围放松量为 4 ~ 6 cm，脚口收小；中裆线位于臀围线与脚口线间 1/2 处，裤腿上宽下窄。

（2）低腰铅笔裤的长度不宜超过脚踝骨点，因此，裤子的长度应在基本纸样的基础上减短至造型要求的尺寸。若裤口减小到小于足围的尺寸时，应在裤口的两侧加开衩，设计开口。

5. 纸样放缝

低腰铅笔裤纸样放缝如图 3-28 所示。

6. 任务评价

根据完成的时间、情况进行自我评定和教师评定，综合分析学生的掌握情况，及时纠错答疑，强化重点环节，巩固测试强化薄弱环节。

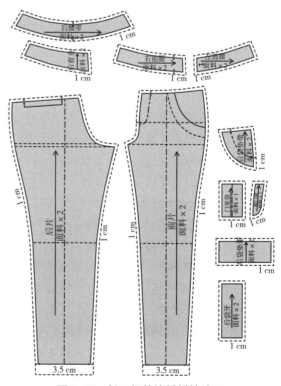

图 3-28　低腰铅笔裤纸样放缝图

评定项目	完成时间记录 （参考用时）	任务完成情况记录 （学生自评）	存在问题及成绩评定 （教师评定）
低腰铅笔裤的基础线绘制			
低腰铅笔裤的内部结构和外部结构设计			
腰省量分配			
纸样加放缝份			

任务五　休闲萝卜裤纸样设计

任务单

任务名称	休闲萝卜裤纸样设计

任务要求：根据给定的款式（图3-29），以小组为单位，协作探究，启发互助，独立完成并提交作业。

规格表	单位：cm
部位	规格
号型	160/68A
裤长	98
腰围	70
臀围	108
脚口	34
腰宽	4.5

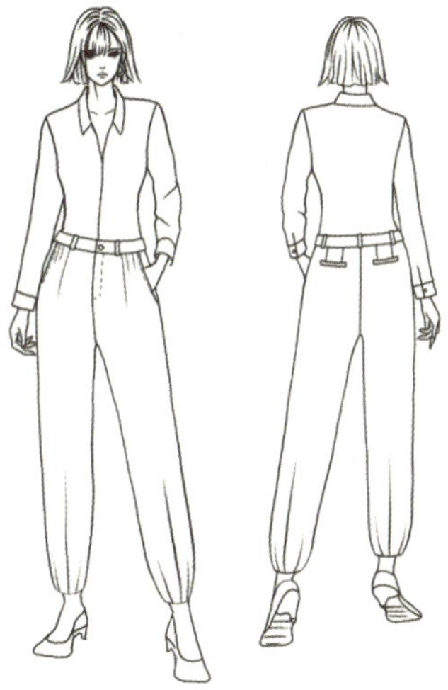

图 3-29　休闲萝卜裤款式图

纸样技术要求：
1. 手工或 CAD 工具完成纸样变化。
2. 纸样符合人体结构和款式特征。
3. 正确使用制图线条与符号，图线清晰、流畅，细节处理得当。
4. 放缝缝边准确，标注用料方向、对位、缩量等必要信息。
5. 裁片名称、数量、规格代号标示清楚

任务实施

1. 款式分析

本款休闲萝卜裤直腰头、腰带上 5 个裤袢带，前片斜插袋，左右各 3 个褶裥，门襟装拉链，后片左右各 2 个省道，双嵌线挖袋。前后片脚口左右各 2 个省道。裤长至脚踝以下，裤子较宽松，由于脚口省道的设计，使脚口呈现收紧的状态。这种造型轻松随意，是人们生活中必不可少的裤子品类，如图 3-29 所示。

2. 实施步骤

（1）前片。

1）从上平线向下量取 $H/4$ 作水平线，为横裆线。

2）上平线与横裆线之间下 1/3 作水平线，为臀围线。

3）臀围线与下平线之间 1/2，为中裆线。

4）右侧臀围线上量取 $H/4+2$ cm，为前中心线。

5）前中心线与横裆线交点向左 $H/24$，为前小裆宽点。

6）前侧缝与横裆线交点向左 0.5 cm，为前横裆大点。

7）前小裆宽点与前横裆大点的 1/2 为前挺缝线。

8）在脚口线上将（脚口 /2-2 cm）+5 cm 省量再除以 2 平均分配在前挺缝线两侧，确定前片脚口宽。

9）脚口宽点与小裆宽点相连，为前下裆线。

10）对称作出另外一侧。

11）前中心向右劈进 1 cm 与臀围线和前中心线的交点、小裆宽点连接，圆顺绘制前小裆弧线。

12）小裆弧线与上平线交点向右量取 $W/4+9.5$ cm（褶裥量）与上平线相交，确定侧腰点。

13）圆顺连接前片侧腰点、臀围宽点、横裆大点。

调整裤片上各条曲线，完成裤子前片外轮廓线的绘制。

14）侧腰点向左 3 cm 为袋口线与腰线交点，向侧缝 18.5 cm 为袋口斜线。

15）前片褶裥：第一个褶裥在袋口线与腰线交点向前 3.5 cm 作省中心线，省宽 3 cm，依次作出第二个褶裥与第三个褶裥，间距 2 cm，褶裥量 3 cm 和 3.5 cm。褶裥长度 3.5 cm，向下略微收紧一点。

16）腰口弧线与前中心点向右 3.5 cm 与臀围线交点向下 1.5 cm 之间绘制前窿门车缝线标记。

17）分别在前片脚口两侧 1/2 处画脚口省道，省道长 16 cm，省宽 2.5 cm。

（2）后片。

1）后横裆线向下 1 cm，作落裆线。

2）左侧臀围线上量取 $H/4-2$ cm，为后中心线。

3）后中心线与臀围线交点向上按 15：2 作后裆斜线，其延长线分别与上平线和落裆线相交。

4）后裆斜线与落裆线交点向右量取 $H/10-1$ cm，为后大裆宽，圆顺绘制后大裆弧线。

5）后裆斜线在上平线交点延长 2.5 cm，作后腰起翘，后腰起翘点向左量取 $W/4-1+4$ cm（省量）与上平线相交，交点为后侧腰点。

6）横裆线与侧缝交点向右 0.5 cm，为后片横裆大点。

7）横裆大点与大裆宽点 1/2 向左 0.7 cm 作垂线分别与上平线和下平线相交，为后裤片挺缝线。

8）在脚口线上，将（脚口 /2+2 cm）+6 cm 省量，再除以 2 平均分配在后挺缝线两侧，确定后片脚口宽。

9）量取前片中裆线 1/2 的长度，在后片中裆线上后挺缝线向右按 1/2 前中裆长 +1 cm 确定后 1/2 中裆宽，并与脚口宽点、大裆宽点相连，圆顺绘制下裆弧线。

10）对称画出另一侧。

11）圆顺连接后片侧腰点、臀围宽点、横裆大点、中裆宽点。

调整裤片上各条曲线，完成后片轮廓线的绘制。

12）分别在前片脚口两侧 1/2 处画脚口省道，省道长 16 cm、宽 3 cm。

13）后片腰围线向下 7 cm 作平行线，侧缝线向里 4.5 cm 为后斗起点，斗长 13 cm。

14）斗口线两侧端点分别向里 2 cm 作后片省道与腰线垂直，省长分别为 8.5 cm 和 7 cm，省宽 2 cm，靠近后中的省道长些。

15）腰带：绘制一长方形，长 = 腰长 +3.5 cm（搭门宽），宽 =4.5 cm。

3. 实施结果

前后片的纸样设计如图 3-30 所示。

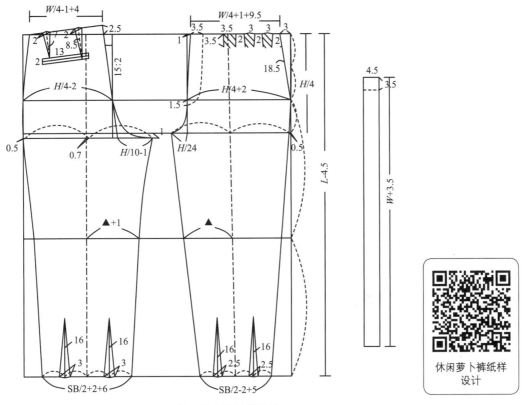

图 3-30　休闲萝卜裤纸样设计

休闲萝卜裤纸样
设计

4. 实施难点

（1）裤子为宽松廓形，中裆线在臀围与脚口之间 1/2 处，中裆的尺寸大于脚口的尺寸。

（2）脚口增加省道设计，使裤子呈现锥形。

（3）前后片裆宽、立裆深随臀围放松量增大而加大，因此，裤子横裆较宽松，后裆斜度和后翘的设计要相应减小。

（4）前后片腰部和脚口设计多个省道、褶裥，凸显了臀围的宽松。

5. 纸样放缝

休闲萝卜裤纸样放缝如图 3-31 所示。

6. 任务评价

根据完成的时间、情况进行自我评定和教师评定，综合分析学生的掌握情况，及时纠错答疑，强化重点环节，巩固测试强化薄弱环节。

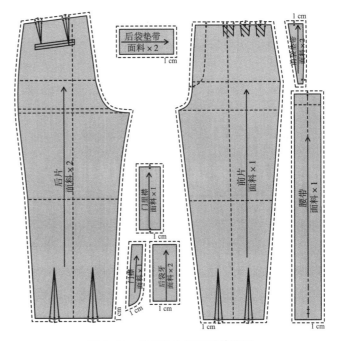

图 3-31　休闲萝卜裤纸样放缝图

评价项目		任务完成情况记录 （学生自评）	存在问题及成绩评定 （教师评定）
线迹	线型应用正确，线条流畅，纸面（界面）干净整洁		
	结构线造型准确		
	轮廓线和内部结构线标记清晰、明确		
纸样	各部位规格准确		
	腰省量分配合理		
	腰带纸样设计与工艺制作方法相呼应		
样板	各纸样提取准确		
	各处缝份加放合理		
	标注样片信息		
	标注对位点		
完成时间		总分	

任务六　裙裤纸样设计

任务单

任务名称	裙裤纸样设计

任务要求：根据给定的款式（图 3-32），以小组为单位，协作探究，启发互助，独立完成并提交作业

规格表	单位：cm
部位	规格
号型	160/68A
裤长	85
腰围	70
臀围	98
腰宽	4

图 3-32　裙裤款式图

纸样技术要求：
1. 手工或 CAD 工具完成纸样变化。
2. 纸样符合人体结构和款式特征。
3. 正确使用制图线条与符号，图线清晰、流畅，细节处理得当。
4. 放缝缝边准确，标注用料方向、对位、缩量等必要信息。
5. 裁片名称、数量、规格代号标示清楚

任务实施

1. 款式分析

裙裤，顾名思义，是似裙实裤，是裤的简单形式，又是裙的复杂形式。远看似裙，近看是裤，在结构上仍保持裤子的横裆结构，由此形成了裙裤的独特风格。裙裤集裙子的舒适、飘逸、凉爽的优点和裤子活动方便的优点于一身，因此，作为旅游、运动等用途的服装而深受人们的喜爱。

本款裙裤为直腰头，腰口部位设有 8 个活褶，两侧月牙插袋，前开襟拉链，脚口大于中裆，共有 5 个袢带，如图 3-32 所示。

2. 实施步骤

（1）前片。

1）从上平线向下量取 $H/4+1$ cm 作水平线，为横裆线。

2）上平线向下 18 cm 作水平线，为臀围线。

3）臀围线上量取 $H/4-1$ cm 为前中心线。

4）臀围宽平均分成三等分，其中一等分为小裆宽，圆顺绘制小裆弧线。

5）前中心点向下低落 0.8 cm 向右量取 $W/4+4.5$ cm 与上平线相交，为侧腰点。

6）连接侧腰点与臀围宽点并延长，与下平线相交为外侧脚口宽点；小裆宽点向下作垂线与下平线交点向左 2 cm 为内侧脚口宽点。圆顺连接脚口线。

7）侧腰点向左 9 cm 与侧腰点向下 10 cm 圆顺连接作月牙挖袋。

8）月牙挖袋向左 2 cm 依次作两个褶裥，褶裥宽分别为 2.5 cm 和 2 cm。

（2）后片。

1）臀围线上量取 $H/4+1$ cm，为后中心线。

2）臀围宽平均分成二等分，其中一等分为大裆宽，圆顺绘制大裆弧线。

3）后裆困势 15：2。

4）后裆起翘 2 cm。起翘点向左量取 $W/4+4.5$ cm 与上平线相交为侧腰点。

5）连接侧腰点与臀围宽点并延长，与下平线相交为外侧脚口宽点；小裆宽点向下作垂线与下平线交点向右 2 cm 为内侧脚口宽点。圆顺连接脚口线。

6）将腰围线平均分成三等分，等分点上为褶裥位，褶裥宽分别为 2.5 cm 和 2 cm。

（3）腰带。绘制一长方形，长 = 腰长 +3 cm（搭门宽），宽 =4 cm。

3. 实施结果

裙裤纸样设计如图 3-33 所示。

4. 实施难点

（1）裙裤裤长一般量至脚踝以上。

（2）腰围加放 2 cm 的松量；臀围放松量较大，一般为 8 ~ 10 cm；脚口通常 ≥横裆围；由于裤型比较宽松，不用考虑中裆尺寸，后片横裆线也不必下落。

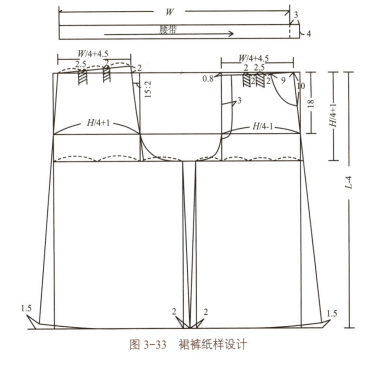

图 3-33　裙裤纸样设计

（3）立裆深 $H/4+1$ cm，相对较深，前后片褶裥量均为 4.5 cm。

（4）前后裆宽的比例分配计算公式：前裆宽 $=H/12$，后裆宽 $=H/8$。由于裆部宽松，故将后裆困势和起翘量减小。

5. 纸样放缝

裙裤纸样放缝如图 3-34 所示。

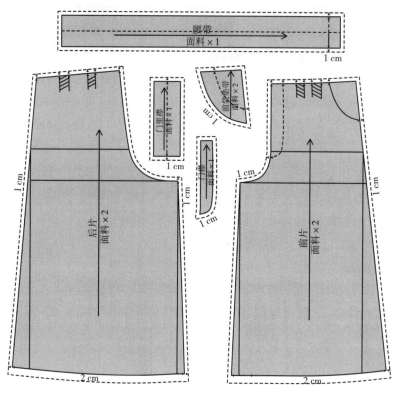

图 3-34　裙裤纸样放缝图

6. 任务评价

根据完成的时间、情况进行自我评定和教师评定，综合分析学生的掌握情况，及时纠错答疑，强化重点环节，巩固测试强化薄弱环节。

	评价项目	任务完成情况记录（学生自评）	存在问题及成绩评定（教师评定）
线迹	线型应用正确，线条流畅，纸面（界面）干净整洁		
	结构线造型准确		
	轮廓线和内部结构线标记清晰、明确		
纸样	各部位规格准确		
	腰省量分配合理		
	腰带纸样设计与工艺制作方法相呼应		
样板	各纸样提取准确		
	各处缝份加放合理		
	标注样片信息		
	标注对位点		
完成时间		总分	

任务七　连腰短裤纸样设计

任务单

任务名称	连腰短裤纸样设计

任务要求：根据给定的款式（图 3-35），以小组为单位，协作探究，启发互助，独立完成并提交作业

规格表	单位：cm 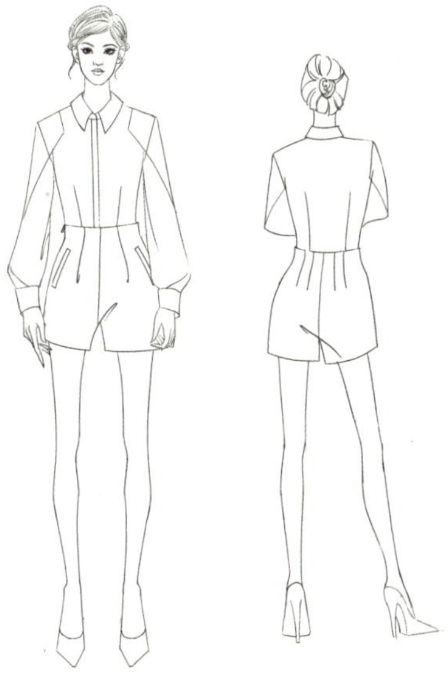
部位	规格
号型	160/68A
裤长	43
腰围	70
臀围	96
脚口	54
腰宽	3.5

图 3-35　连腰短裤款式图

纸样技术要求：

1. 手工或 CAD 工具完成纸样变化。
2. 纸样符合人体结构和款式特征。
3. 正确使用制图线条与符号，图线清晰、流畅、细节处理得当。
4. 放缝缝边准确，标注用料方向、对位、缩量等必要信息。
5. 裁片名称、数量、规格代号标示清楚

任务实施

1. 款式分析

短裤是指长度在髌骨附近的裤的总称。短裤由于长度不同，风格也不同。较短的短裤给人以轻便明快、活泼健美的感觉，很适合少年、青年夏季穿着。较长的短裤具有稳重大方、典雅轻快的特点，很适合年长者夏季穿着。本款短裤为连腰结构，前片左右设两个褶裥，两侧单嵌线挖袋，后片左右设两个省道，前开襟装拉链，如图 3-35 所示。

2. 实施步骤

（1）前片。

1）从上平线向下量取 $H/4$ 作水平线，为横裆线。

2）上平线与横裆线之间下 1/3 作水平线，为臀围线。

3）右侧臀围线上量取 $H/4-1$ cm 为前中心线。

4）前中心线与横裆线交点向左 $H/24$，为前小裆宽点。

5）前小裆宽点与侧缝间 1/2 为前挺缝线。

6）在脚口线上将脚口 /2-3 cm 再除以 2 平均分配在前挺缝线两侧，确定前片脚口宽。

7）脚口宽点与小裆宽点相连，为前下裆线。

8）对称作出另外一侧。

9）前中心向右劈进 1 cm 与臀围线和前中心线的交点、小裆宽点连接，圆顺绘制前小裆弧线。

10）小裆弧线与上平线交点向下低落 1 cm，再向右量取 W/4+9.5 cm（褶裥量）与上平线相交，作腰口弧线，交点为侧腰点。

11）腰口弧线向上 4.5 cm 作平行线，前中心点与侧腰点分别与原腰口弧线垂直。

12）圆顺连接前片侧腰点、臀围宽点、横裆大点。前片外轮廓线绘制完成。

13）前片单嵌线挖袋，袋牙宽 1.2 cm，袋口长 14 cm。

14）前片褶裥 3.5 cm。

（2）后片。

1）后横裆线向下 2.5 cm，作落裆线。

2）左侧臀围线上量取 H/4+1 cm，为后中心线。

3）后中心线与臀围线交点向上按 15：2.5 作后裆斜线，其延长线分别与上平线和落裆线相交。

4）后裆斜线与落裆线交点向右量取 H/10 cm，为后大裆宽，圆顺绘制后大裆弧线。

5）后裆斜线在上平线交点延长 2.5 cm 作后腰起翘，后腰起翘点向左量取 W/4+4 cm（省量）与上平线相交，作腰口弧线，交点为后侧腰点。

6）腰口弧线向上 4.5 cm 作平行线，后中心起翘点与侧腰点分别与原腰口弧线垂直。

7）侧缝与大裆宽点间 1/2 作垂线分别与上平线和下平线相交，为后裤片挺缝线。

8）在脚口线上，将脚口 /2+3 cm 再除以 2 平均分配在后挺缝线两侧，确定后片脚口宽。

9）圆顺连接大裆宽点与脚口，使下裆线与前片下裆线长度相等，圆顺脚口线。

10）圆顺连接后片侧腰点、臀围宽点、横裆大点、脚口宽点。后片外轮廓线绘制完成。

11）后片两个省道，省宽为 2 cm，省长分别为 10 cm 和 11 cm，靠近侧缝的省道短些。连腰的省也为 2 cm。

3. 实施结果

连腰短裤纸样设计如图 3-36 所示。

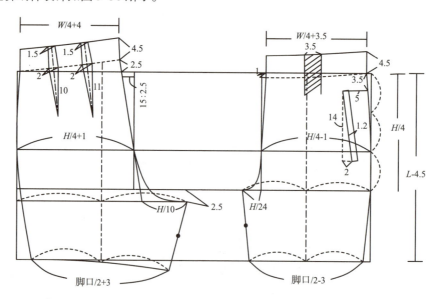

图 3-36　连腰短裤纸样设计

4. 实施难点

（1）短裤裤长一般量至人体髌骨上方。

（2）腰围加放 2 cm 的松量；短裤臀围放松量为 4 ~ 6 cm；脚口通常≥横裆围。

（3）本款短裤因为后片下裆脚口收进较多，导致后脚口线倾斜，为了与前下裆线尺码相同，需要增大落裆。具体数值根据后脚口倾斜程度来定。

（4）本款短裤为连腰，腰口上端位于人体腰围线上方 4.5 cm 处，根据人体体形特征，腰省向上顺延后，腰省在上口会逐渐减少，整个腰省呈橄榄形。连腰宽度较小时，腰省可以为平行省；连腰宽度较大时，为了达到合体要求，需要量取裙腰上口围度以计算腰省放出量。

5. 纸样放缝

连腰短裤纸样放缝如图 3-37 所示。

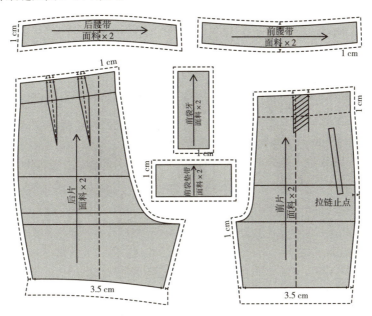

图 3-37　连腰短裤纸样放缝图

6. 任务评价

根据完成的时间、情况进行自我评定和教师评定，综合分析学生的掌握情况，及时纠错答疑，强化重点环节，巩固测试强化薄弱环节。

	评价项目	任务完成情况记录（学生自评）	存在问题及成绩评定（教师评定）
线迹	线型应用正确，线条流畅，纸面（界面）干净整洁		
	结构线造型准确		
	轮廓线和内部结构线标记清晰、明确		
纸样	各部位规格准确		
	腰省量分配合理		
	腰带纸样设计与工艺制作方法相呼应		
样板	各纸样提取准确		
	各处缝份加放合理		
	标注样片信息		
	标注对位点		
完成时间		总分	

任务八　罗马裤纸样设计

任务名称	罗马裤纸样设计	
任务要求：根据给定的款式（图3-38），以小组为单位，协作探究，启发互助，独立完成并提交作业		

规格表	单位：cm	
部位	规格	
号型	160/68A	
裤长	94	
腰围	70	
臀围	110	
脚口	34	
腰宽	3.5	
		图 3-38　罗马裤款式图

纸样技术要求：
1. 手工或 CAD 工具完成纸样变化。
2. 纸样符合人体结构和款式特征。
3. 正确使用制图线条与符号，图线清晰、流畅、细节处理得当。
4. 放缝缝边准确，标注用料方向、对位、缩量等必要信息。
5. 裁片名称、数量、规格代号标示清楚

任务实施

1. 款式分析

罗马裤造型独特、宽松、随性，裤两侧悬垂的荡褶有一种异域风情。罗马裤种类很多，主要特点是小腿部位尺寸比较窄，臀部和大腿部造型宽松，垂褶较多。这种裤型在视觉上可以拉长小腿，塑造腿部线条，还能够掩盖臀部、大腿处的缺陷（图3-38）。

2. 实施步骤

（1）采用女裤标准基本纸样，根据款式特点，画出裤子前后片总体形状及立体褶的款式线 [图3-39（a）]。

（2）将立体褶的款式线——剪开，在腰部和侧缝处分别加放不同的褶量 [图3-39（b）]。

（3）将前后裤片侧缝按褶位连接成直线并与腰线延长线相交，合并侧缝线，圆顺腰口弧线和脚口弧线［图3-39（c）］。

3. 实施结果

罗马裤纸样设计如图3-39所示。

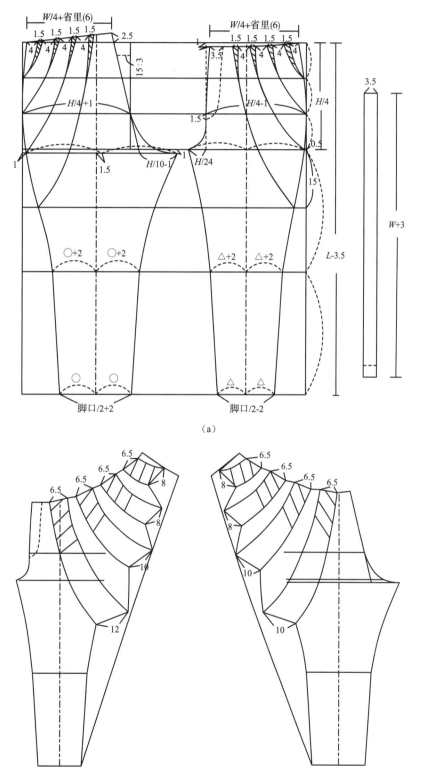

（a）

（b）

图3-39　罗马裤纸样设计

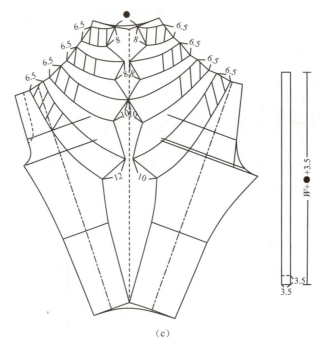

（c）

图 3-39　罗马裤纸样设计（续）

4. 实施难点

（1）罗马裤裤长设计不宜过长，可至脚踝。

（2）裤腰口褶量较大，腰带可采用松紧带收紧腰部；臀围松量较大，通常为 10 ~ 20 cm。

（3）由于裤两侧有层叠的荡褶，臀部有强烈的膨胀感，因此，上裆需要随臀围尺寸加大而加深。

（4）立体褶的造型需要通过腰口线和侧缝线，并对立体褶造型线作腰口位展开设计，以增加立体褶量。仅有立体褶量还不行，还要继续把褶展开，以增加立体褶的垂量。

（5）为了使裤型呈现更好的垂坠荡褶的立体效果，裁剪时建议布料采用斜纱向排料裁剪。

5. 纸样放缝

罗马裤纸样放缝如图 3-40 所示。

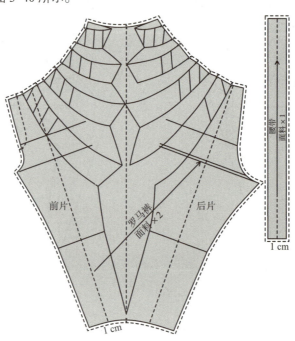

图 3-40　罗马裤纸样放缝图

6.任务评价

根据完成的时间、情况进行自我评定和教师评定，综合分析学生的掌握情况，及时纠错答疑，强化重点环节，巩固测试强化薄弱环节。

	评价项目	任务完成情况记录 （学生自评）	存在问题及成绩评定 （教师评定）
线迹	线型应用正确，线条流畅，纸面（界面）干净整洁		
	结构线造型准确		
	轮廓线和内部结构线标记清晰、明确		
纸样	各部位规格准确		
	腰省量分配合理		
	罗马裤荡褶褶量设计合理		
	腰带纸样设计与工艺制作方法相呼应		
样板	各纸样提取准确		
	各处缝份加放合理		
	标注样片信息		
	标注对位点		
完成时间		总分	

能量加油站

一、行业透视

扫描下方二维码，了解我国服装成衣工艺的发展历程，开拓视野，增加专业积累，增强民族自豪感和行业责任感，继往开来，创新发展。

了解我国服装成衣
工艺的发展

问题1：畅想未来服装行业的发展状态。

问题2：作为服装从业者，我们怎样做才能助力行业发展，贡献自己的力量？

二、华服课堂

在现代女子服饰中，裤装因其方便活动、保暖御寒等，已经成为必不可少的单品。在中国传统女子服饰文化中，裤装一般都作为内穿衣物或内搭装饰，穿在裙装或袍衫下。在年轻人热衷的汉服圈，宋裤脱颖而出。宋裤是宋朝女子流行的一种服饰。古代裤装一般分为袴和裈。袴为开裆裤，裈为合裆裤。两者可搭配穿着，也可裤穿着在裙内。现代汉服语境下的宋裤，多指两侧打褶开衩的合裆裤或改良宋裤（有裆线）（图3-41）。

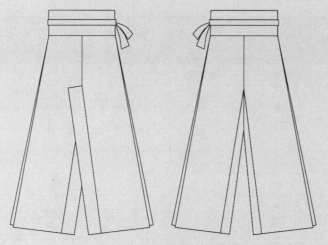

合裆开衩裤纸样

图 3-41　合裆开衩裤（宋）

三、课后闯关

1. 理论练兵

扫描下方二维码，完成测试。

职业资格测试题

2. 技能实战

任务名称	牛仔女短裤		
任务要求：根据给定的款式（图3-42），结合各任务知识和技能的学习，进行任务的探究，独立完成并提交作业			

规格表	单位：cm		
部位	规格		
号型	160/68A		
裤长	56		
腰围	70		
臀围	90		
腰头宽	4		

图 3-42　牛仔女短裤款式图

四、企业案例

　　扫描下方二维码，查看女西裤企业案例。

女裤 - 原型样板

女裤 - 净板

女裤 - 推板

女裤 - 里料样板

女裤 - 面料衬料样板

项目四
连衣裙纸样设计

主要内容

对应服装制版师职业资格中的相关要素,学习连衣裙纸样设计知识,能够识读技术文件进行产品款式分析,完成样板绘制和程序编制。

学习重点

应用原型连衣裙设计方法,省道构成及转移,分割线设计。

学习难点

领、袖纸样设计,廓形的变化。

学习目标

1. 了解连衣裙的基本知识,以及结构与女体的对应关系;

2. 识读技术文件中的连衣裙款式结构特点;

3. 能够运用正确的量体方法进行量体,根据量体数据进行正确的加放,合理制定连衣裙成衣规格;

4. 能够根据款式图和规格表,灵活运用制版原理和结构设计方法进行款式分析与结构变化,完成纸样设计;

5. 能够给纸样合理添加缝份、剪口、扣位、布纹线等标识,完成工业纸样的设计;

6. 在连衣裙纸样设计的过程中,培养认真、严谨的制版习惯,养成良好的职业素养,植入工匠情怀;

7. 在小组学习过程中,培养合作意识,锻炼创新思维和灵活性,提升综合素质。

一、连衣裙概述

　　连衣裙是指上衣和裙子连成一体式的连裙装，自古以来就是最常用的服装品种。我国先秦时代，人们普遍着深衣，可看作连衣裙的一种变体。古埃及、古希腊及两河流域的束腰衣，都具有连衣裙的基本形制。在欧洲，到第一次世界大战前，妇女服装的主流一直是连衣裙，并作为出席各种礼仪场合的正式服装。第一次世界大战后，由于女性越来越多地参与社会工作，衣服的种类不再局限于连衣裙，但其仍然作为一种重要的服装，大多礼服还是以连衣裙的形式出现。

　　随着时代的发展，连衣裙的种类也越来越多，是女性夏装着装的首选之一，在各种款式造型中被誉为"时尚皇后"。其关键部位是肩部、胸部、腰围、臀围、袖长、裙长、下摆，这些部位的变化组合设计成了不同造型的连衣裙。

二、连衣裙的分类

　　（1）按廓形分，可分为 A 型连衣裙、H 型连衣裙、O 型连衣裙、X 型连衣裙和 T 型连衣裙，如图 4-1 所示。

图 4-1　连衣裙按廓形分类

　　（2）按功能分，可分为礼服连衣裙、常服连衣裙、休闲连衣裙和运动连衣裙，如图 4-2 所示。
　　（3）按季节分，可分为春季连衣裙、夏季连衣裙、秋季连衣裙和冬季连衣裙，如图 4-3 所示。

图 4-2　连衣裙按功能分类　　　　　　　　图 4-3　连衣裙按季节分类

　　（4）按款式细节分，可分为领型和袖型两类。
　　1）领型：无领连衣裙、立领连衣裙、翻领连衣裙和驳领连衣裙等。
　　2）袖型（装袖方式、长短、造型等）：无袖连衣裙、短袖连衣裙、中袖连衣裙、中长袖连衣裙和长袖连衣裙；圆装袖连衣裙、插肩袖连衣裙、落肩袖连衣裙；泡泡袖连衣裙、喇叭袖连衣裙、灯笼袖连衣裙、花式袖连衣裙、郁金香

连衣裙概述

袖连衣裙等。

（5）按腰位的高低分（以腰位置和正常腰线关系），可分为低腰线连衣裙、无腰线连衣裙、中腰线连衣裙和高腰线连衣裙。

（6）按长度分，可分为短款连衣裙、中长款连衣裙和长款连衣裙等。

三、连衣裙的用料

连衣裙的面料，一般不能选择质地过薄或透明的面料，对于颜色、质地、厚薄具有广泛的适应性，与价位、服装的款式风格和穿着场合相适应，如棉、毛、丝、麻等天然材料，涤棉、中长纤维、各种华达呢、针织面料等。

任务一　分割线波浪袖连衣裙

任 务 单

任务名称	分割线波浪袖连衣裙纸样设计		
任务要求：根据客户来样资料（图4-4），应用女装原型进行纸样设计，以小组为单位，协作探究，启发互助，独立完成并提交作业			
规格表	单位：cm		
部位	规格		
号型	160/84A		
裙长	88		
肩宽	36		
胸围	90		
腰围	72+ 省量		
		图 4-4　分割线波浪袖连衣裙款式图	

纸样技术要求：
1. 能正确识别款式特征，使用原型，手工或 CAD 工具完成纸样变化。
2. 纸样符合人体结构和款式特征。
3. 正确使用制图线条与符号，图线清晰、流畅、细节处理得当。
4. 放缝缝边准确，标注用料方向、对位、缩量等必要信息。
5. 裁片名称、数量、规格代号等信息标示清楚

任务实施

1. 款式分析

分割线波浪袖连衣裙，肩部较窄，前片左右胸各一弧形分割，收波形褶，后片开背缝，装拉链，腰节处有横向分割，向上收腰省，下摆加大呈 A 型。袖片由 2 片组成，前后在肩头搭合，袖片呈不规则波浪形，如图 4-4 所示。

2. 实施步骤

（1）作出背中线，腰围线偏进 1 cm，与背高点连线。

（2）转移后肩省。后领窝转进 0.2 ~ 0.3 cm，肩部保留 0.5 cm，其余省量转到袖窿。

（3）量肩宽，1/2 肩宽＋缩量定出后肩端点，根据后小肩长定出前小肩长。

（4）作出裙长 88 cm。

（5）作出前、后领口加宽 1 cm，作出领深及领口形状。

（6）根据成品规格作胸围大，前胸围 $B/4+0.5$ cm，后胸围 $B/4-0.5$ cm+（调节量），作出新的袖窿弧线。

（7）计算前、后裙片的腰省及分配量。

（8）作出前、后底摆的放量。

（9）设计前裙片、后裙片的分割线。

（10）完成底摆的纸样变化。

（11）作袖子的形状。

（12）完成袖子的纸样变化。

3. 实施结果

（1）前、后裙片纸样设计如图 4-5、图 4-6 所示。

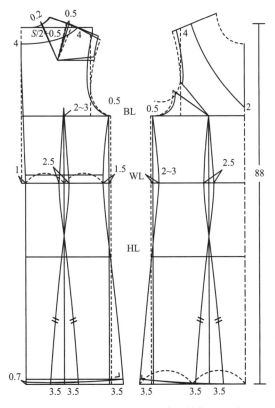

图 4-5　前、后裙片纸样设计（单位：cm）

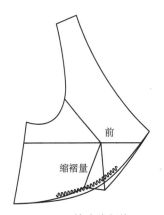

图 4-6　前片分割线

（2）前、后片裙摆的纸样变化如图4-7所示。

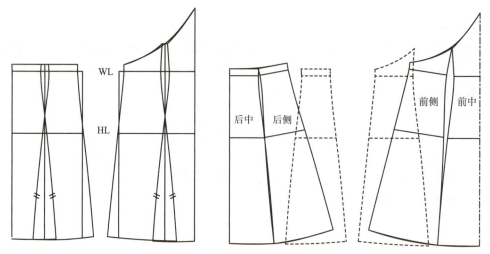

图 4-7　前、后裙片下摆的纸样变化

前、后裙片纸样设计

前片分割线设计

（3）前、后袖片的结构设计与袖型纸样变化如图4-8所示。

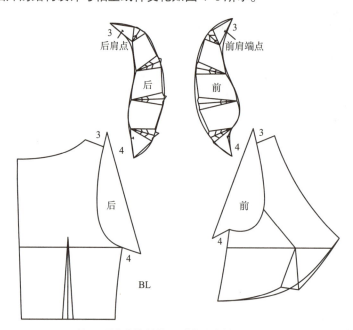

图 4-8　前、后袖片的结构设计与纸样变化（单位：cm）

省道处理   袖子结构设计

4. 实施难点

（1）原型后肩省的处理：采取分散平衡的方法，将后肩省转移到领口、肩部、袖窿做松量。

（2）胸围规格设计：在原型基础上需要减少胸围满足款式要求，胸围的变化往往也影响袖窿深的高低，需要结合款式综合考虑，本款袖窿可以不作向上调整。

（3）分割线的设计：前裙片利用分割线融入省道设计，起到实用、装饰的作用。分割线的设计要考虑位置，以及收省后分割线的造型是否美观，后裙片腰线处的分割线应与前片平齐。

（4）肩宽的处理：泡泡袖等肩部较窄、强调造型的袖子一般采取肩袖互借减少肩宽，肩头的造型更加合体美观。

（5）袖子的结构设计：本款袖子前后搭合，先按照关系作出位置和形状，前、后袖片面积大致相等，纸样切展加出袖下摆放量，放量结合样衣效果进行调整，还要注意用料的方向和对位。

（6）本款实际成品腰围大于腰围规格，受款式限制，如需腰围较小则初始设计腰围设定规格较小，考虑纸样变化中的影响。

5. 纸样放缝

分割线波浪袖连衣裙纸样放缝如图 4-9 所示。

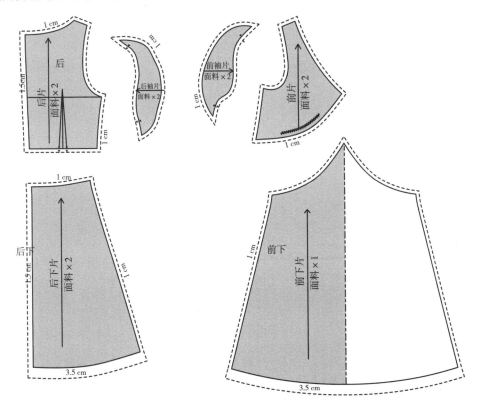

图 4-9　分割线波浪袖连衣裙纸样放缝图

6.任务评价

	评价项目及要求	任务完成情况记录 （学生自评）	存在问题及成绩评定 （教师评定）
线迹	线型应用正确，线条流畅，纸面（界面）干净整洁		
	结构线造型准确		
	轮廓线和内部结构线标记清晰、明确		
纸样	各部位规格准确		
	腰省量分配合理		
	分割线设计得当，符合款式造型特征		
	领子设计与款式图一致		
	袖型结构合理，符合款式要求		
	前、后贴边结构设计合理		
样板	各纸样提取准确		
	各处缝份加放合理		
	标注样片信息		
	标注对位点		
完成时间		总分	

任务二　无领八片秋季长袖连衣裙

任务单

任务名称	无领八片秋季长袖连衣裙

任务要求：根据来样资料（图4-10），应用女装原型进行纸样设计，以小组为单位，协作探究，启发互助，独立完成并提交作业

规格表	单位：cm	
部位	规格	
号型	160/84A	
裙长	100	
肩宽	38	
胸围	94	
腰围	76	
袖长	55	
袖口	22	

图4-10　无领八片秋季长袖连衣裙款式图

纸样技术要求：
1. 能正确识别款式特征，使用原型，手工或CAD工具完成纸样变化。
2. 纸样符合人体结构和款式特征。
3. 正确使用制图线条与符号，图线清晰、流畅，细节处理得当。
4. 放缝缝边准确，标注用料方向、对位、缩量等必要信息。
5. 裁片名称、数量、规格代号等信息标示清楚

任务实施

1. 款式图及款式分析

无领八片秋季连衣裙，左右对称，前后片公主线分割，收腰，前中门襟开口钉七粒扣，后中开背缝，下摆呈 A 型，一片长袖，窄袖口，收袖肘省，如图 4-10 所示。

2. 实施步骤

（1）后肩省转移，转到后领口 0.3 cm，肩部保留 0.5 cm 缩量，其余转到袖窿作为松量。

（2）前、后领口加宽 1 cm，后领深加深 0.5 cm，前领口加深 2 cm，作出领口形状。

（3）作出前裙长 100 cm，定出后下摆线位置及臀围线位置。

（4）肩宽 1/2+0.5 cm（缩缝量）定出后肩端点，根据后小肩长定出前小肩长。

（5）作出背中线，腰节收进 1 cm，底摆加大 5 cm。

（6）根据成品规格作胸围大，前胸围 $B/4+0.5$ cm，后胸围 $B/4-0.5$ cm+（调节量），作出新袖窿弧线，胸围线的位置根据袖窿弧线长度进行上下位置调整。

（7）根据胸腰差计算前、后片的腰省及分配量，侧缝收进 1.5 cm，前腰省 2.3 cm，后腰省 2.7 cm。

（8）设计前后片的公主线形状，既要美观，符合人体实际起伏，也要便于工艺制作。

（9）作出下摆大和底摆起翘，臀围处要追加一定的放量。

（10）搭门宽 2 cm，分配纽扣的位置。

（11）画出一片袖的结构，袖山高取前、后袖窿高均值的 3/4+0.5 ~ 1 cm，根据前后的袖窿周长定出袖肥，按款式作出袖肘省。

3. 实施结果

（1）前、后裙片的纸样设计如图 4-11 所示。

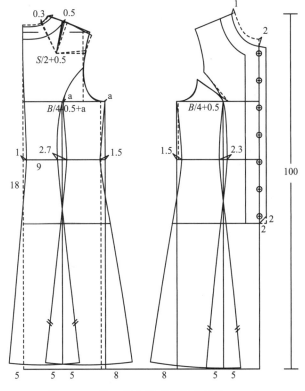

前、后片纸样设计

图 4-11   前、后片纸样设计（单位：cm）

（2）袖片的纸样设计如图 4-12 所示。

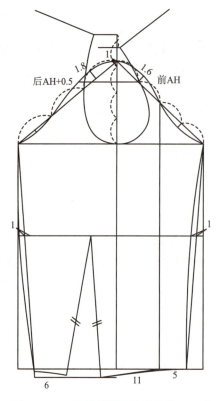

图 4-12　一片袖纸样设计（单位：cm）

（3）前、后领、袖口贴边纸样如图 4-13 所示。

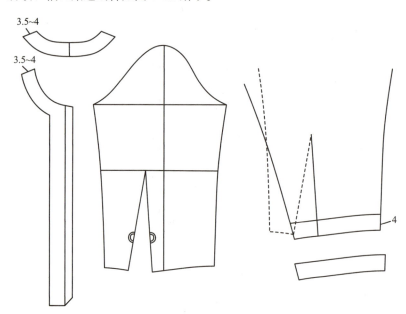

图 4-13　前、后领、袖口贴边纸样（单位：cm）

4. 实施难点

（1）公主线的设计位置要美观，与人体体表曲线一致，结合省道，起到实用和美观的作用。

（2）省量的分配：本款胸腰差 18 cm，前、后片分配 9 cm，分别在后中、前后侧缝、腰省收进。

（3）前门襟开口根据款式设计位置，便于穿脱。

（4）下摆摆量均匀增加，位置在后中、前后侧片、公主线分缝处，摆量根据款式而定。

（5）一片袖的袖省在后袖，完成后起到合体的作用，并有一定的方向性。

5. 纸样放缝

无领八片秋季长袖连衣裙纸样放缝如图4-14所示。

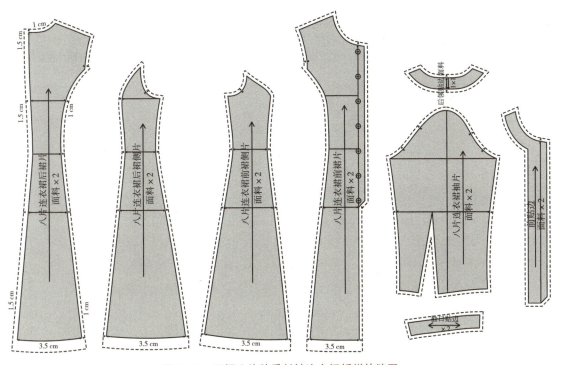

图4-14　无领八片秋季长袖连衣裙纸样放缝图

6. 任务评价

	评价项目及要求	任务完成情况记录（学生自评）	存在问题及成绩评定（教师评定）
线迹	线型应用正确，线条流畅，纸面（界面）干净整洁		
	结构线造型准确		
	轮廓线和内部结构线标记清晰、明确		
纸样	各部位规格准确		
	腰省量分配合理		
	分割线设计得当，符合款式造型特征		
	无领设计符合款式特征		
	袖山与袖窿配置合理，袖型结构合理		
	贴边、扣位等其他部件齐全，位置准确		
样板	各纸样提取准确		
	各处缝份加放合理		
	标注样片信息		
	标注对位点		
完成时间		总分	

任务三 V领灯笼袖连衣裙

任务名称	V领灯笼袖连衣裙纸样设计

任务要求：应用女装原型进行给定款式（图4-15）连衣裙纸样设计，以小组为单位，协作探究，启发互助，独立完成并提交作业

规格表	单位：cm	
部位	规格	
号型	160/84A	
裙长	124	
肩宽	38	
胸围	90	
腰围	76	
袖长	48	
袖口	24	

图4-15 V领灯笼袖连衣裙款式图

纸样技术要求：
1. 使用原型，手工或CAD工具完成纸样变化。
2. 纸样符合人体结构和款式图特征。
3. 制图顺序合理，正确使用制图线条与符号，图线清晰、流畅，细节处理得当。
4. 放缝缝边准确，标注用料方向、对位、缩量等必要信息。
5. 裁片名称、数量、规格代号等信息标示清楚

1. 款式分析

V形领灯笼袖连衣裙，左右对称，前肩收褶，高腰节，腰间收波形褶，装腰带，钉两粒扣，前中开口钉装饰扣，后片收肩省、腰省，下摆呈A型，一片中长袖，灯笼袖造型，收袖口，如图4-15所示。

2. 实施步骤

（1）前、后领口加宽4 cm，作出领深、领口形状。

（2）转移后肩省。肩部保留1/2肩省量，其余转到袖窿。

（3）肩宽 1/2+ 肩省定出后肩端点，根据后小肩长定出前小肩长。

（4）从前颈肩点向下量出裙长规格 124 cm。

（5）根据成品规格作胸围大，前胸围 $B/4+0.5$ cm，后胸围 $B/4-0.5$ cm+（调节量），后胸围加入腰省的调节量，定出侧缝线、臀围线，袖窿深线上抬 0.5 cm，灯笼袖造型肩宽减少 1 ~ 1.5 cm，作出新袖窿弧线。

（6）计算前、后裙片的腰省及分配量，侧缝收进 1.5 cm，前腰省 2 cm，后腰省 2.5 cm。

（7）作出高腰的腰位和腰头宽 2.5 cm。

（8）作出下摆大、底摆起翘。

（9）省道转移，利用纸样切展设计出前片肩部、腰间的褶量。

（10）作出腰头转省后的形状。

（11）搭门宽 2 cm，分配纽扣的位置。

（12）完成一片袖基本形状，袖山高取前、后袖窿高均值的 3/4，根据前后的袖窿周长定出袖肥。

（13）利用纸样切展作出灯笼袖造型，画出袖头。

3. 实施结果

（1）前、后片纸样设计如图 4-16 所示。

（2）前、后片与腰头纸样设计如图 4-17、图 4-18 所示。

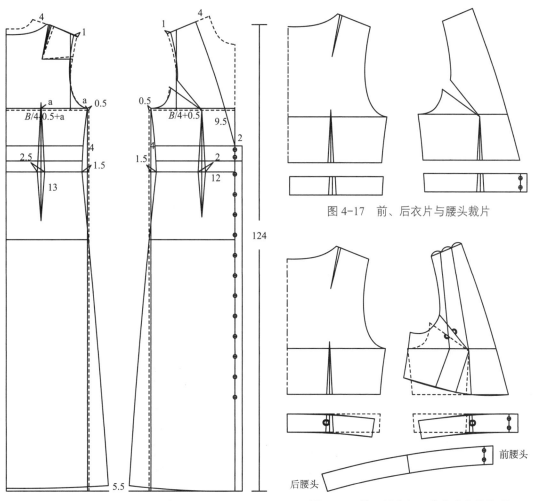

图 4-16　前、后片纸样设计（单位：cm）

图 4-17　前、后衣片与腰头裁片

图 4-18　前、后片与腰头省道合并处理

（3）前、后领贴边、前片纸样切展加褶如图4-19所示。

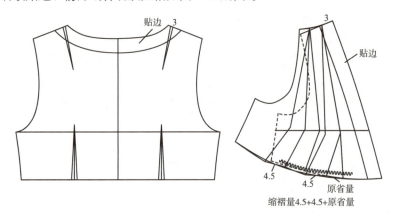

图4-19　前、后领贴边、前片纸样切展加褶（单位：cm）

（4）前、后裙片纸样切展及收褶处理如图4-20、图4-21所示。

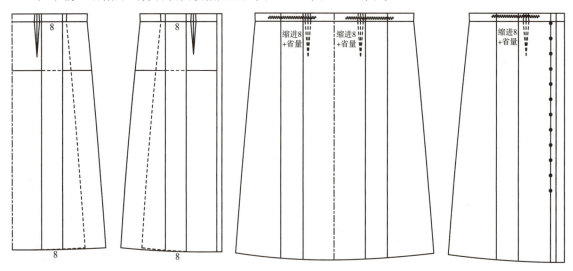

图4-20　前、后裙片纸样切展（单位：cm）　　　图4-21　前、后裙片腰头褶量的处理（单位：cm）

（5）袖子结构设计与灯笼袖纸样切展变化如图4-22所示。

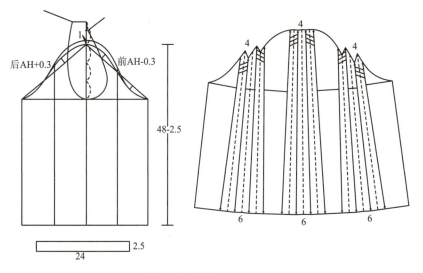

图4-22　袖子结构图与灯笼袖纸样设计（单位：cm）

4. 实施难点

（1）灯笼袖的肩宽要在正常肩宽基础上减小 1 ~ 2 cm，袖山高在原基础追加相应的量。

（2）省量的分配：本款胸腰差 14 cm，前后片分配 7 cm，分别在前后侧缝、腰省收进。

（3）高腰结构需要将正常腰位上提，上提量根据款式需要，一般上抬 1 ~ 2.5 cm，腰节上的省道需要作纸样合并处理。

（4）本款肩胸、腰间褶量需要纸样切展，先将胸省转移到腰节，切展量和原省量一起作出腰部造型。

（5）灯笼袖的造型需要在袖山、袖口加入放量，才能作出灯笼袖的造型。

5. 纸样放缝

V 领灯笼袖连衣裙纸样放缝如图 4-23 所示。

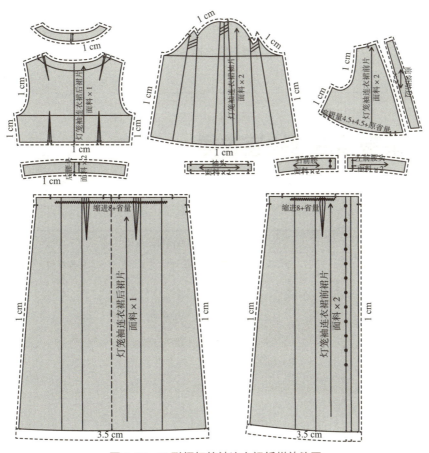

图 4-23　V 形领灯笼袖连衣裙纸样放缝图

6. 任务评价

	评价项目及要求	任务完成情况记录 （学生自评）	存在问题及成绩评定 （教师评定）
线迹	线型应用正确，线条流畅，纸面（界面）干净整洁		
	结构线造型准确		
	轮廓线和内部结构线标记清晰、明确		

评价项目及要求		任务完成情况记录 （学生自评）	存在问题及成绩评定 （教师评定）
纸样	各部位规格准确		
	腰省量分配合理		
	分割线、褶裥设计得当，符合款式造型特征		
	无领设计符合款式特征		
	袖山与袖窿配置合理，灯笼袖袖型结构合理		
	贴边、扣位等其他部件齐全，位置准确		
样板	各纸样提取准确		
	各处缝份加放合理		
	标注样片信息		
	标注对位点		
完成时间		总分	

任务四　系带领泡泡袖连衣裙

任务单

任务名称	系带领泡泡袖连衣裙

任务要求：根据给定的款式（图 4-24），应用女装原型进行纸样设计，以小组为单位，协作探究，启发互助，独立完成并提交作业

规格表	单位：cm
部位	规格
号型	160/84A
裙长	84
肩宽	38
胸围	90
腰围	74
袖长	34

图 4-24　系带领泡泡袖连衣裙款式图

纸样技术要求：
1. 使用原型，手工或 CAD 工具完成纸样变化。
2. 纸样符合人体结构和款式特征。
3. 正确使用制图线条与符号，图线清晰、流畅，细节处理得当。
4. 放缝缝边准确，标注用料方向、对位、缩量等必要信息。
5. 裁片名称、数量、规格代号等信息标示清楚

任务实施

1. 款式分析

系带领泡泡袖连衣裙，左右对称，前片收省，腰节断缝，裙身前、后片左右各一条分割线，后中开背缝，装拉链，下摆呈 A 型，中袖，泡泡袖袖身抽松紧带作出缩褶，如图 4-24 所示。

2. 实施步骤

（1）后肩省转移，转到后领口 0.3 cm，肩部保留 0.6 cm 缩量，其余转到袖隆作为松量。

（2）作出后领窝弧线，前领口加深 1 cm，作出领口形状前领窝弧线。

（3）肩宽 1/2+0.5 cm 肩省定出后肩端点，根据后小肩长定出前小肩长。

（4）作出背中线，腰节收进 1 cm。

（5）根据成品规格作胸围大，前胸围 $B/4+0.5$ cm，后胸围 $B/4-0.5$ cm，作出侧缝线及新袖隆弧线。

（6）前片袖隆省转到腋下，省道转移要注意省的两边等长，前后袖隆光滑圆顺。

（7）根据胸腰差计算前、后片的腰省及分配量，侧缝收进 1.2 cm，前腰省 2.2 cm，后腰省 2.4 cm。

（8）作出下摆大、底摆起翘。

（9）在前、后片袖隆基础上配袖子，袖山高前、后袖隆高差 3/4+0.5 cm，袖肥由前、后袖隆弧线长度确定。

（10）画出一片袖的基本结构，作出泡泡袖的纸样变化。

（11）作出系带领的结构图。

3. 实施结果

（1）前、后裙片的结构设计如图 4-25 所示。

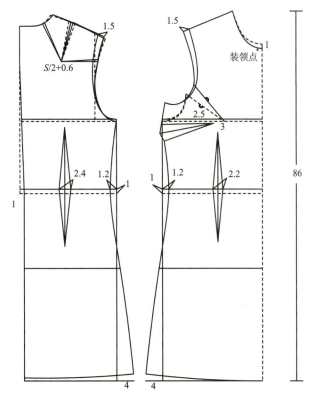

图 4-25　前、后裙片的纸样设计（单位：cm）

（2）一片袖的结构纸样设计如图 4-26 所示。

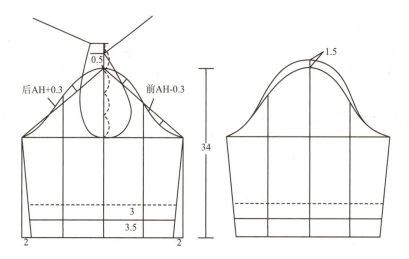

图 4-26　一片袖的结构设计与纸样变化（单位：cm）

（3）泡泡袖纸样设计如图 4-27 所示。

（4）裙片的纸样设计如图 4-28 所示。

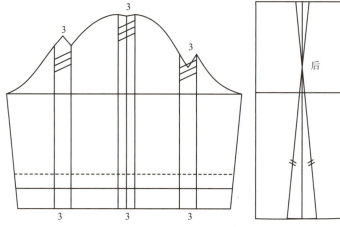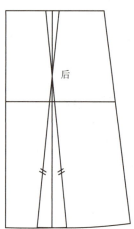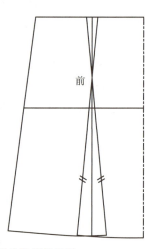

图 4-27　一片袖作泡泡袖纸样变化（单位：cm）　　　　图 4-28　裙片的纸样设计

（5）底摆的起翘处理如图 4-29 所示。

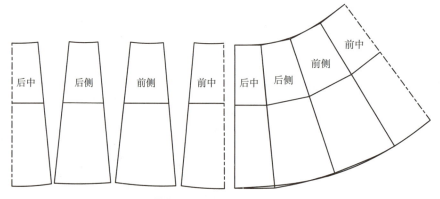

图 4-29　底摆的起翘处理

（6）领子的纸样设计如图4-30所示。

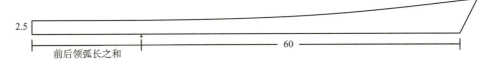

图4-30　领子的纸样设计（单位：cm）

4. 实施难点

（1）裙长、袖长等规格设计要符合款式的比例，初学者需要结合样衣效果进行调整。

（2）领口不宜加大加深，系带领的长度可以根据需要加长。

（3）连衣裙要考虑开口设计，背部开拉链到臀围位置。

（4）一片袖袖山收细褶，袖身处用松紧带作出细褶的造型，在袖身适当位置作出装松紧带位。

5. 纸样放缝

系带领泡泡袖连衣裙纸样放缝如图4-31所示。

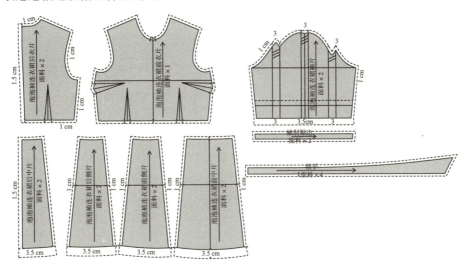

图4-31　系带领泡泡袖连衣裙纸样放缝图

6. 任务评价

评价项目及要求		任务完成情况记录（学生自评）	存在问题及成绩评定（教师评定）
线迹	线型应用正确，线条流畅，纸面（界面）干净整洁		
	结构线造型准确		
	轮廓线和内部结构线标记清晰、明确		
纸样	各部位规格准确		
	腰省量分配合理		
	分割线、廓形设计得当，符合款式外观特征		
	系带领设计符合款式特征		
	袖山与袖窿配置合理，泡泡袖结构合理		
样板	各纸样提取准确		
	各处缝份加放合理		
	标注样片信息		
	标注对位点		
完成时间		总分	

一、无领式纸样设计

无领是指没有领座、领片，只在衣身领口上进行造型变化的领型，如方领、圆领、V领、鸡心领、花式领、一字领等。无领式领型一般在原型衣身上，根据款式图和设计效果，进行领口的加宽、加深，注意后领深保持领深不变，再增加 1/4 的变化量，保持前后领、颈肩处的保形性。

（1）圆领。圆领如图 4-32、图 4-33 所示。

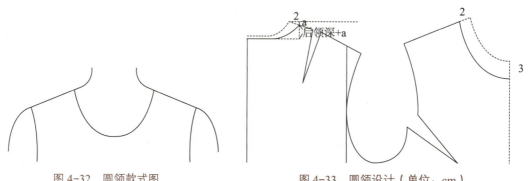

图 4-32　圆领款式图　　　　　　　　图 4-33　圆领设计（单位：cm）

（2）V领。V领的设计根据款式确定领宽和领深，如图 4-34、图 4-35 所示。注意：当领深开落胸围线下时要加入内搭设计。

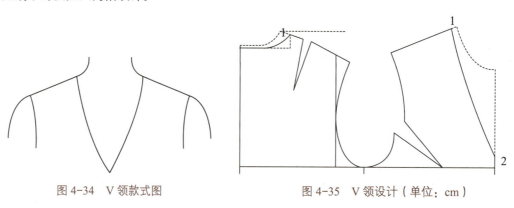

图 4-34　V领款式图　　　　　　　　图 4-35　V领设计（单位：cm）

（3）钻石领。钻石领如图 4-36、图 4-37 所示。

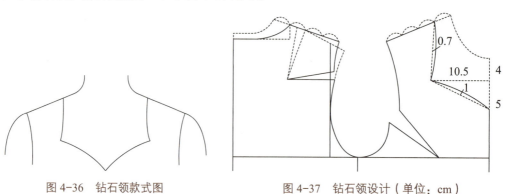

图 4-36　钻石领款式图　　　　　　　图 4-37　钻石领设计（单位：cm）

（4）一字领。一字领的设计一般开领宽，领深点在原型基础上抬 1 cm，结合肩缝前移，加强一字的视觉特征，如图 4-38、图 4-39 所示。

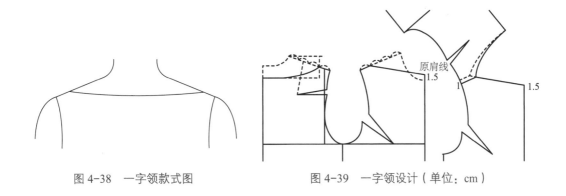

图 4-38　一字领款式图　　　　图 4-39　一字领设计（单位：cm）

二、立领纸样设计

立领也是女装中常用的领型，是只有领片没有领座的领型，领片围绕在脖颈上，其下口线与衣身领圈弧线吻合，上口线的长度和表现形式不同，在外观看上呈现出直角、锐角和钝角三种效果。

（1）普通立领。普通立领如图 4-40、图 4-41 所示。

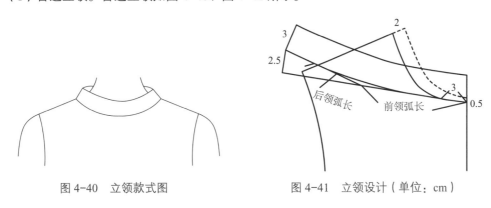

图 4-40　立领款式图　　　　图 4-41　立领设计（单位：cm）

（2）连身立领。连身立领如图 4-42、图 4-43 所示。

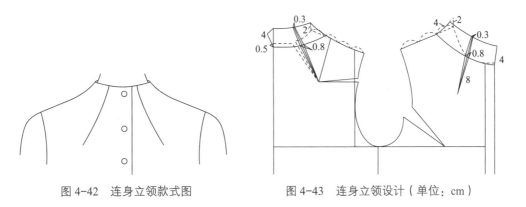

图 4-42　连身立领款式图　　　　图 4-43　连身立领设计（单位：cm）

三、坦领设计

坦领属于翻领的一种，但是领座很低，通常在 1 cm 以下，外观造型使领宽的外围线平贴在肩部，领面平整服帖。坦领的纸样设计一般采用原型折叠法，即利用原型前、后片肩线折叠，进行领子设计和造型，形成低领座。坦领的平面结构与人体的立体状态往往有一定的差异，特别是翻领成型后的领外口线，过松、过紧都会影响成衣效果，经常结合样衣制作，过松表明领外口弧线长度过大，需要将纸样折叠；反之，需要进行切展。

（1）娃娃领。娃娃领如图4-44、图4-45所示。

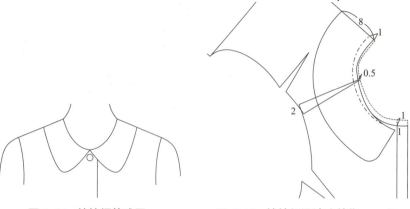

图4-44　娃娃领款式图　　　　图4-45　娃娃领设计（单位：cm）

（2）海军领。海军领如图4-46、图4-47所示。

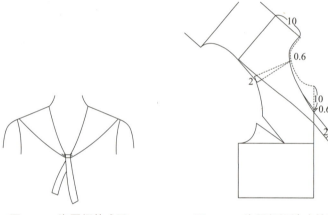

图4-46　海军领款式图　　　　图4-47　海军领设计（单位：cm）

能量加油站

一、行业透视

　　扫描下方二维码，了解我国服装面辅料的相关事业，开拓视野，增加专业积累，更好地将面辅料知识应用于制版工作中，并回答问题。

面辅料知识

问题1：服装中的面辅料有哪些？

问题2：服装中的面辅料跟服装制版和工艺有着怎样的关系？

二、华服课堂

　　旗袍是我国近现代具有代表性的女性服饰之一，以其优雅、端庄的韵味，深受人们喜爱。旗袍蜕变于清末的女子旗装，从初期的宽大、平直，到改良后的修身、开衩，再到鼎盛时的线条优美、婉约靓丽，代表了文化的变迁和审美的改变，糅合了各种思潮元素。例如，传统旗袍端庄、简朴，不过于强调腰身和结构设计，归拔等传统工艺使其穿着后符合人体曲线；而海派旗袍结合了西式服装的设计思想，加入胸省、腰省、装袖、肩缝等结构变化（图4-48）。

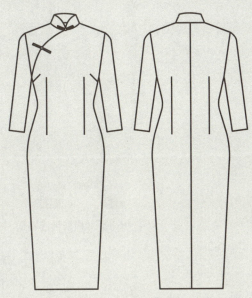

旗袍纸样设计 1

旗袍纸样设计 2

图 4-48　旗袍款式图

三、课后闯关

1. 理论练兵

扫描下方二维码，完成测试。

职业资格测试题

2. 技能实战

任务名称	不对称坎袖连衣裙
任务要求：根据给定的款式（图4-49），结合各任务知识和技能的学习，进行任务的探究，独立完成并提交作业	

规格表	单位：cm
部位	规格
号型	160/84A
裙长	98
胸围	92
肩宽	38
腰围	74
臀围	96

图 4-49　不对称坎袖连衣裙

纸样技术要求：
1. 手工或 CAD 工具完成纸样变化。
2. 纸样符合人体结构和款式特征。
3. 正确使用制图线条与符号，图线清晰、流畅，细节处理得当。
4. 放缝缝边准确，标注用料方向、对位、缩量等必要信息。
5. 裁片名称、数量、规格代号标示清楚

小提示

在连衣裙纸样结构设计中，要对款式有充分的理解和分析，根据款式特征辨别结构关系、结构要点。本款为非对称结构，后片的结构可参考前片的款式关系进行设计。整个过程一定要保持认真严谨的学习态度，对于结构线类型、制图符号的标识要准确，中心线使用点画线，表示工业纸样要对称展开。如果结构线表示不准确，可能影响后续环节的工作。

不对称坎袖连衣裙

四、企业案例

扫描下方二维码，查看连衣裙企业案例。

连衣裙原型前后片样板

连衣裙净板

连衣裙推板

连衣裙面料样板

连衣裙衬料、里料样板

连衣裙袖、领样板

项目五 女衬衫纸样设计

对应中级服装制版师职业资格中女衬衫部分的知识能力要求，学习女衬衫纸样设计知识，能够识读技术文件进行产品款式分析，完成样板绘制和程序编制。

学习重点

女衬衫基本原型的应用，省道设计，纸样切展原理和方法。

学习难点

领子的设计与变化，一片袖纸样变化。

学习目标

1. 了解女衬衫基本知识，构成与人体的对应关系；

2. 识读技术文件中的女衬衫结构特点；

3. 能够运用正确的量体方法进行量体，根据量体数据进行正确的加放，合理制定服装规格；

4. 能够根据款式图和规格表，灵活运用制版原理和结构设计方法进行款式分析与结构变化，完成纸样设计；

5. 能够给纸样合理添加缝份、剪口、扣位、布纹线等标识，完成工业纸样的设计；

6. 在女衬衫纸样设计的过程中，培养认真、严谨的制版习惯，养成良好的职业素养，植入工匠情怀；

7. 在小组学习过程中，培养合作意识，锻炼创新思维和灵活性，提升综合素质。

一、衬衫概述

衬衫是一种可以穿在内衣与外衣之间，也可以单独穿用的上衣，适用于多种场合，并可与各种服装搭配穿用。我国自周代便已经出现衬衫，时称中衣，后称中单。19 世纪 40 年代，西式衬衫传入我国。衬衫最初多为男用，20 世纪 50 年代渐被女子采用，现成为常用服装之一。

其中从古典男士内衬衫款式变化而来的女衬衫仍然保留着固有的结构和外观，呈现出经典的风貌。但随着时代的进步，女衬衫的款式风格等也有了非常多的变化，例如，有些女衬衫应用了更加多变的外观造型，使衬衫或修身合体或宽松超大，满足不同风格的需求；有些女衬衫更多地使用了不同花色、质地的面料进行拼接，在外观上增强了层次感；有些女衬衫在细节部分加入了更多个性化和趣味性设计；有些女衬衫更注重自身的面料及其制作工艺，使面料考究、工艺复杂，以迎合那些追求品位和讲究品质生活的人们。受流行因素影响，女衬衫通常还采用各种各样的装饰工艺，如机绣、手绣、花边、抽纱、缩褶、嵌线等，形成更加多变的重工艺风格。

二、女衬衫的分类

（1）按穿着场合分，可分为正规衬衫、半正规衬衫和休闲衬衫三类，如图 5-1 所示。

图 5-1　女衬衫按穿着场合分类

（2）按穿着方式分，可分为穿着时露出下摆的衬衫和不露下摆的衬衫。前者又称罩衫，便于活动，如图 5-2 所示。

图 5-2　女衬衫按穿着方式分类

（3）按款式细节分：

1）按合体程度分，可分为紧身型女衬衫、合体型女衬衫和宽松型女衬衫（图5-3）。

图5-3 女衬衫按合体程度分类

2）按门襟形状分，可分为内翻门襟女衬衫、外翻门襟（明门襟）女衬衫和暗门襟女衬衫（图5-4）。

图5-4 女衬衫按门襟形状分类

3）按下摆形状分，可分为平下摆女衬衫和曲线下摆女衬衫（图5-5）。

图5-5 女衬衫按下摆形状分类

4）按领型分，可分为无领女衬衫、立领女衬衫、连翻立领女衬衫、翻立领女衬衫和连衣立领女衬衫等（图5-6）。

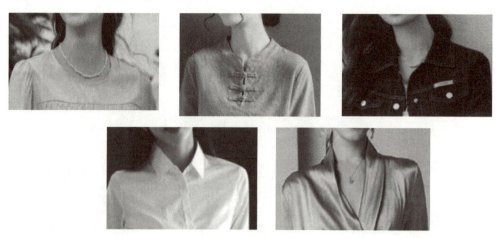

图5-6　女衬衫按领型分类

5）按袖子分，可分为无袖女衬衫、短袖女衬衫、中长袖女衬衫和长袖女衬衫；圆装袖女衬衫、落肩袖女衬衫和连身袖女衬衫；泡泡袖女衬衫、喇叭袖女衬衫、灯笼袖女衬衫和花式袖女衬衫等（图5-7）。

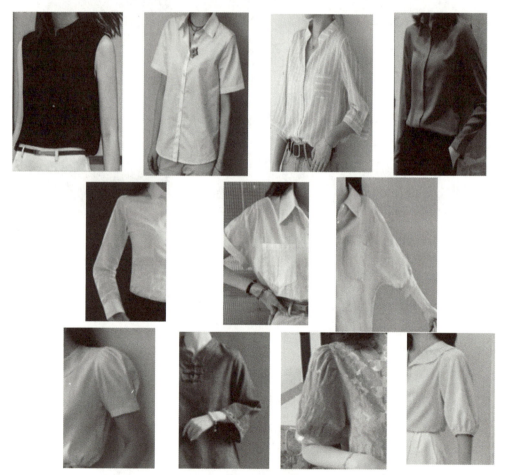

图5-7　女衬衫按袖型分类

6）按装饰工艺分，可分为机绣（手绣）女衬衫、花边女衬衫、抽纱女衬衫、缩皱女衬衫和嵌线女衬衫（图5-8）。

图 5-8   女衬衫按装饰工艺分类

三、衬衫的用料

衬衫面料以轻、薄、软、爽、挺、透气性好为理想面料，好面料的判定标准重点在于穿着寿命、洗涤寿命、目测观感、穿着肤感等各种特性表现，有多种常用的面料，如纯棉面料、混纺面料、化纤面料、亚麻面料和真丝面料等。其中混纺面料是天然纤维与化学纤维按照一定比例混合纺织而成的，既吸收了天然纤维和化学纤维各自的优点，又尽可能地避免了它们各自的缺点，普通衬衫大部分都是使用这种面料，易打理，不易变形，不易皱，不易染色或变色。例如，棉和涤纶按照比例混纺，其面料特性向纯棉或纯涤纶偏移；棉和氨纶、真丝和氨纶等也可按照不同比例混纺，得到具有不同程度弹性的面料，使成衣对人体束缚更小，穿着也更加舒适，被相应地应用于各种用途的衬衫。

女衬衫概述

任务一   商务女衬衫纸样设计

任 务 单

任务名称	商务女衬衫纸样设计	
任务要求	根据给定的商务女衬衫款式（图 5-9）信息，应用女装原型进行规格设计及纸样设计，以小组为单位，协作探究，启发互助，独立完成并提交作业	
规格表	单位：cm	
部位	规格	
号型	160/84A	
前衣长	58	
胸围	96	
领大	39	
肩宽	37.5	
袖长	55	
袖口围	24	

图 5-9   商务女衬衫款式图

纸样技术要求:

1. 规格设计符合造型要求。
2. 图线及制图符号应用合理、表达清晰、线形流畅。
3. 纸样符合人体结构和款式特征。
4. 样片齐全,正确加放缝份、处理边角,剪口对位正确。
5. 标注必要的样片信息:样片名称、数量、规格代号、用料方向等

任务实施

1. 款式分析

本款女衬衫款型合体,前片门襟采用明门襟的形式,6粒扣,有腋下省、腰省;后片有肩省、腰省;略收腰身,下摆为曲摆;装翻立领;装一片袖,袖口有两个褶,装袖头,如图5-9所示。

2. 实施步骤

应用女装原型,运用手工方式或服装CAD软件,在原型基础上进行纸样设计:

(1)调整领窝。前领窝的宽度和深度分别增加0.2 cm;后领宽放0.2 cm。

(2)根据前衣长作出下摆线。前中心线、后中心线延长至下摆线。

(3)调整胸大点。前胸大点放出0.5 cm,后胸大点放出0.5 cm;袖窿底抬高1 cm。

(4)画袖窿弧线。胸宽增加0.3 cm;背宽放出0.3 cm,将肩省量的1/2转移至后袖调整袖窿弧窿中,作为袖窿松量;绘制袖窿弧线。

(5)完成侧缝线与下摆线。前、后侧缝线在腰节线上各收进2.5 cm。在下摆线处上抬3.5 cm。注意:侧缝曲线的形状要符合人体形状。

(6)完成胸省省道转移。把袖窿省转移到侧缝线上,距侧缝顶点5～7 cm处,成为侧缝省,作出省的折山线,并修正省线。

(7)画出腰省。省量为2 cm的枣核形省,后省的高度超过胸围线2 cm,胸大点再推出胸围线上省量的大小。

(8)完成止口线。搭门宽度为1.4 cm。

(9)作明门襟。明门襟的总宽度为2.8 cm。领窝线顺其自然延长至止口线即可。门襟贴边的宽度为2.8 cm+1 cm缝份。

(10)画出扣眼的位置。第一粒扣眼在领座上,是横向的扣眼。其他扣眼均为纵向扣眼,扣眼的间距为8 cm。

(11)配制袖子。袖子是一片袖结构。袖山高度为平均袖窿深的3/4。袖衩可以直接设计在袖缝上。

(12)绘制袖头。大小为25 cm×5 cm的矩形。

(13)绘制底领与翻领。底领,即领座,前中心处起翘1 cm,搭门的宽度为1.4 cm,后中高度为3 cm,搭门处调整为圆领角;翻领后中心处的宽度为4 cm,松度为2.5 cm,设计出翻领的领角。

3. 实施结果

前、后衣身、袖子、袖头、底领与翻领的纸样设计结果如图5-10所示。

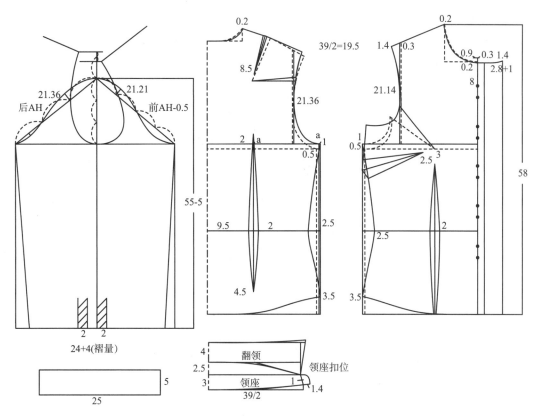

图 5-10　商务女衬衫纸样设计图（单位：cm）

4. 实施难点

（1）后衣身枣核形腰省的高度超过胸围线 2 cm，在胸围线上有一部分省量，需要再次调整胸大点，沿着水平方向向外推出这部分省量的大小，以确保胸围规格的准确，并修正袖窿弧线。

（2）袖、领的纸样设计要依据前、后衣身的结构数据配制完成。

（3）在纸样设计过程中，要注意前、后衣身的结构数据要统一，保证纸样的规格；各条曲线形状的调整，包括省道的边线、侧缝线等，要前后协调。

（4）本款明门襟的作法适用于正反面的颜色、纹理和图案都相同的面料。明门襟的作法不仅仅只有本款这一种方法，根据不同的面料、款式要选择不同的纸样设计方法和制作方法。

（5）纸样的设计首先根据款式的要求进行款式线的设计，以及省道位置的设计，使之符合款式造型、满足规格设计，并具备一定的审美需求。其次，还要注意省量的分配，需要兼顾前、后片进行，达到衣身的整体平衡。

（6）纸样的设计涉及面料、设计、工艺等环节，只有多方面达到协调、统一，才能得到适合的纸样。

商务女衬衫前、后
片纸样设计

商务女衬衫领、袖
纸样设计

5. 纸样放缝

整理所有的图线，将所有的样片加放缝份、调整样板边角、添加样片信息、对位刀口及扣眼位置等，完成样板的制作，如图 5-11 所示。

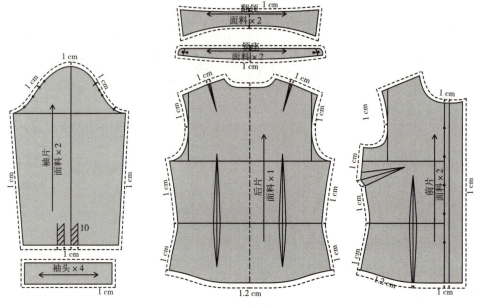

图 5-11　商务女衬衫纸样放缝图

6. 任务评价

	评价项目	任务完成情况记录（学生自评）	存在问题及成绩评定（教师评定）
线迹	线型应用正确，线条流畅，纸面（界面）干净整洁		
	结构线造型准确		
	轮廓线和内部结构线标记清晰、明确		
纸样	各部位规格准确		
	腰省量分配合理		
	袖山与袖窿配置合理		
	立领合体，翻领造型美观		
	门襟纸样设计与工艺制作方法相呼应		
	袖衩纸样设计与工艺制作方法相呼应		
样板	各纸样提取准确		
	各处缝份加放合理		
	标注样片信息		
	标注对位点		
完成时间		总分	

任务拓展

商务女衬衫领型纸样变化如下。

一、单立领

单立领的款式如图 5-12 所示，领子为单一的条状结构，呈较直立状态围绕在颈部周围。其纸样设计如图 5-13 所示，前中心处起翘的程度越大，领子向颈部倾斜的程度就越大。

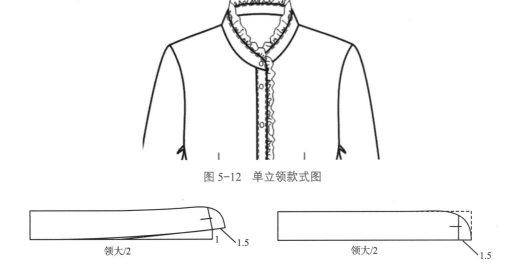

图 5-12　单立领款式图

图 5-13　单立领纸样设计（单位：cm）

二、连翻立领

领子为一片领结构，以翻折线为界分为底领（即领座）和翻领两部分，如图 5-14 所示。其常规数据的纸样设计如图 5-15 所示。

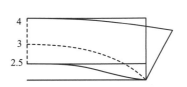

图 5-14　连翻立领款式图　　图 5-15　连翻立领常规数据的纸样设计（单位：cm）

连翻立领也可用图 5-16 所示的方法进行纸样设计，实施步骤如下：

（1）在领窝弧线长度的中点 A 与领宽中点 B 之间找到点 C。

（2）过 C 点作领窝弧线的切线，在切线上找到与点 C- 领宽点等长的点，作出（翻领宽 F+ 底领宽 D）/2（翻领宽 F- 底领宽 D）的余切比值，即翻领松量。作出一个三角形。如图 5-16（a）所示。

（3）作出领内口曲线，使之长度等于前后领窝长度之和。注意曲线前端，从领窝下降 0.5 cm，并离开前中线 0.3 ~ 0.5 cm。

（4）作出领的后中心线。

（5）完成领外口线及领角的设计，如图 5-16（b）所示。

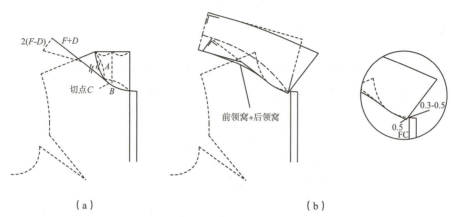

（a）   （b）

图 5-16　翻领松量设计图和连翻立领纸样设计图

（a）翻领松量设计图；（b）连翻立领纸样设计图（单位：cm）

三、坦领

如图 5-17 所示，领子为一片领结构，几乎全部覆盖在颈部周围。也有翻折线，只是底领非常窄，其功能是防止装领线外露，起到遮挡装领线的作用。

坦领可用图 5-18 所示的方法进行纸样设计，实施步骤如下：

（1）将前、后衣片的颈侧点对准，将肩端点重合 1.5 cm 摆放。

（2）设计领的内口线，后中推出 0.5 cm，前中处收进 0.5 cm、离开前中线 0.3 ~ 0.5 cm。

（3）设计领外口线及领角。

（4）坦领的内口线沿着领窝弧线设计，如果前衣片的前颈点位置下降，如海军领，也可采用这样的方法进行纸样设计。

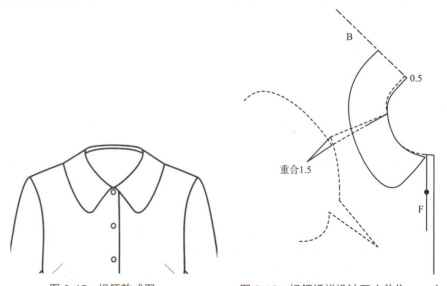

图 5-17　坦领款式图　　　　图 5-18　坦领纸样设计图（单位：cm）

以上领型，均以门襟、里襟相合，成为封闭式的领款，可称为"关门领"。

任务二　无领明门襟女衬衫纸样设计

任务单

任务名称	无领明门襟女衬衫纸样设计
任务要求	根据给定的女衬衫款式（图5-19）信息，应用女装原型进行规格设计及纸样设计，以小组为单位，协作探究，启发互助，独立完成并提交作业

规格表	单位：cm
部位	规格
号型	160/84A
前衣长	58
胸围	92
领大	39
肩宽	37.5
袖长	55
袖口围	22

图5-19　无领明门襟女衬衫款式图

纸样技术要求：

1. 规格设计符合造型要求。
2. 图线及制图符号应用合理、表达清晰、线形流畅。
3. 纸样符合人体结构和款式特征。
4. 样片齐全，正确加放缝份、处理边角，剪口对位正确。
5. 标注必要的样片信息：样片名称、数量、用料方向等

任务实施

1. 款式分析

本款女衬衫款型修身，前片门襟处大量碎褶，装明门襟，6粒扣；后片收肩省，腰省，平下摆；无领；装一片袖，袖口开宝剑头袖衩，袖口收两个活褶，装袖头，如图5-19所示。

2. 实施步骤

应用女装原型，运用手工方式或服装CAD软件，在原型基础上进行纸样设计。

（1）调整领窝。前领宽增加0.2 cm，领深增加7.5 cm，后领宽增加0.2 cm。

（2）确定衣长线的位置。

（3）作明门襟。搭门宽度为 1.4 cm，明门襟与前领窝相连，形成弯形的分割线，宽度为 2.8 cm，在拼接缝制时会有一定的难度。

（4）标出扣眼的位置，眼距为 6.5 cm，纵向扣眼。

（5）调整胸大点。因为成衣胸围规格与原型胸围相等，所以胸大点暂不加变化。袖窿底上抬 0.5 cm。

（6）调整后肩省，把肩省量的 1/3 转移至袖窿中作为松量，其余留作肩省。

（7）作后腰省，腰省省尖超过胸围线 3 cm，腰省的省量为 2 cm。

（8）再调后胸大点，追加胸围线上的省用量。完成后袖窿弧线。

（9）完成侧缝，腰节线处收进 2.5 cm，下摆处放出 1 cm，起翘 2 cm。

（10）作下摆线，后中心下落 0.7 cm。

（11）作前片的纸样变化。将门襟从前衣片与分离出来，成为两部分。在前片上作省道转移，将袖窿省转移至前中心线处。按照缩折量设计剪切线，剪切线的位置要均匀。沿着剪切线展开，根据实际需要加入褶量。修正曲线，适当地放出松量，完成前片的纸样。

（12）作出后领窝的贴边，宽度为 2.8 cm，与前片的拼接宽度保持一致。

（13）配袖。袖山高为 3/4 的平均袖窿深。袖口处两个活褶。袖衩位于袖口规格的后 1/4 处。

（14）绘制袖头。宽度为 8 cm，两侧各收进 1 cm。长度为袖口的规格大小加上宝剑头袖衩的多余量。

3. 实施结果

（1）前、后衣身、袖子、袖头、门襟与领口贴边的纸样设计结果如图 5-20 所示。

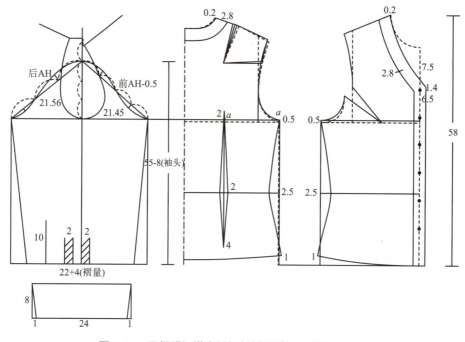

图 5-20　无领明门襟女衬衫纸样设计图（单位：cm）

（2）前衣身的纸样变化结果如图 5-21 所示。

4. 实施难点

（1）关于褶量的加放，首先要均匀设计剪切线，使褶量分布均匀，腰节线以下可以设计少量褶量或没有褶量。其次，修正曲线时，在褶量的垂直方向也要适当加入松量，使之能够得到更蓬松、更立体的碎褶造型。

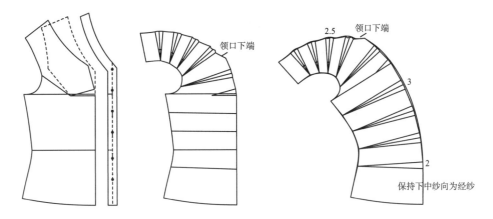

图 5-21　前衣身的纸样变化（单位：cm）

（2）在衣身上作切展变化时，一般情况下，衣片的中线方向尽量保持经纱方向。

（3）无领款式的服装需要考虑如何将领口的毛边做净，要采用相应的工艺方法进行处理。这里为与明门襟、前领口统一协调，在后领口处采用了贴边形式。

（4）在这个款式中，衣身与袖子的造型都比较合体，又兼顾衬衫的舒适度，因此，袖子适合采用较高的袖山高数据。

（5）明门襟的制作方法可以根据面料而采用适当的形式，如果面料的正反面差别明显，则适用本款明门襟的做法，把明门襟作为单独的结构进行纸样设计。

无领明门襟女衬衫前、后片纸样设计　　　无领明门襟女衬衫领、袖纸样设计

5. 纸样放缝

整理所有的图线，将所有的样片加放缝份、调整样板边角、添加样片信息、对位刀口及扣眼位置等，完成样板的制作，如图 5-22 所示。

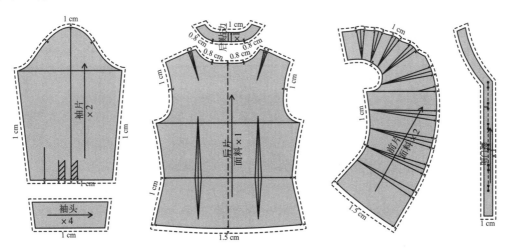

图 5-22　无领明门襟女衬衫纸样放缝图

6. 任务评价

	评价项目		任务完成情况记录 （学生自评）	存在问题及成绩评定 （教师评定）
线迹	线型应用正确，线条流畅，纸面（界面）干净整洁			
	结构线造型准确			
	轮廓线和内部结构线标记清晰、明确			
纸样	各部位规格准确			
	腰省量分配合理			
	袖山与袖窿配置合理			
	无领造型美观，贴边处理协调统一			
	门襟纸样设计与工艺制作方法相呼应			
	袖衩纸样设计与工艺制作方法相呼应			
	前衣身褶量加放合理、造型美观			
样板	各纸样提取准确			
	各处缝份加放合理			
	标注样片信息			
	标注对位点			
完成时间			总分	

任务拓展

宽松碎褶女衬衫衣身纸样设计如下。

一、款式分析

休闲类的款式如图 5-23 所示，衣身部分与袖子十分宽松，前领窝处与衣身下摆处有大量碎褶造型，后背处有斜向分割线，后中线处开门襟，六粒扣。

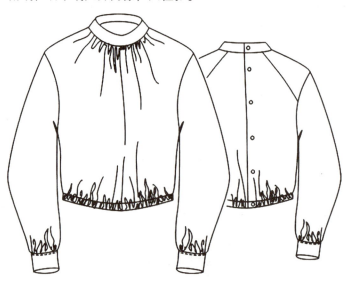

图 5-23　宽松碎褶女衬衫款式图

二、衣身纸样设计实施步骤

应用女装原型，运用手工方式或服装 CAD 软件，在原型基础上进行纸样设计。

（1）进行前衣身的处理。调整领窝。领宽、领深各增加 1 cm，绘制领窝线。

（2）将袖窿省转移至前领窝。

（3）从肩端点将小肩线延长 3 cm，并将新的端点下落 0.3 cm，重新修正小肩线为向下略弯的弧线。

（4）前胸大增加 3 cm，袖窿底下落 4 cm。前胸宽的增加量为 1.8 ~ 2 cm。画出完整的前袖窿弧线。

（5）将前中线向外推出 2 cm，作为领窝碎褶的增量。这样前领窝的省量，再加上这 2 cm，是前领窝抽褶的总量。绘制出前领窝弧线，注意：要顺着碎褶的方向适当地增加一定松量。

（6）进行后衣身的处理。调整领窝，将领宽增加 1 cm，领深增加 0.3 cm，绘制领窝线。

（7）将小肩线从尖端点延长 3 cm，肩端点处下降 0.3 cm，与前肩等量。

（8）后胸大增加 3 cm，袖窿底下落 4 cm。后背宽的增加量为 1.8 ~ 2 cm。画出完整的后袖窿弧线。

（9）找到合适的位置，作出后背处分割线。将肩省的省尖移动至分割线上，再作省道转移，将肩省转移至分割线中成为领窝省。绘制小肩线，后片小肩线是稍微复杂的曲线形状。绘制分割线。

（10）从腰节线向下 6 cm 为衣长线。将前中线改为点画线形式。后中线推出 1.7 cm 的搭门宽量，作出止口线。

（11）完成侧缝线、下摆等轮廓线。

三、实施结果

衣身的纸样设计结果如图 5-24 所示。

四、实施难点

（1）本款属于宽松类型，在净胸围为 84 cm 的基础上，先设计胸围的加放量为 20 cm，则胸围总量为 104 cm，需在原型胸围上增加 12 cm，即前、后胸大都增加 3 cm。

（2）将袖窿省全部转移到前领窝，作为活褶量并不能够满足所需，所以从前中心线再水平推出

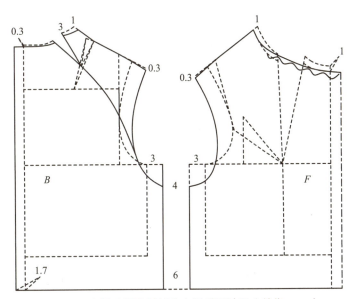

图 5-24　宽松碎褶女衬衫衣身纸样设计图（单位：cm）

2 cm 作为碎褶增量，才能够很好地完成碎褶造型。

（3）由于碎褶增量的出现，胸围增大 4 cm，胸围的加放量为 24 cm，最终的胸围规格为 108 cm。

任务三　单立领育克女衬衫纸样设计

任务名称	单立领育克女衬衫纸样设计		
任务要求	根据给定的女衬衫款式（图5-25）信息，应用女装原型进行规格设计及纸样设计，以小组为单位，协作探究，启发互助，独立完成并提交作业		
规格表	单位：cm		
部位	规格		
号型	160/84A		
前衣长	60		
胸围	100		
领大	38		
肩宽	38.5		
袖长	58		
袖口围	22		

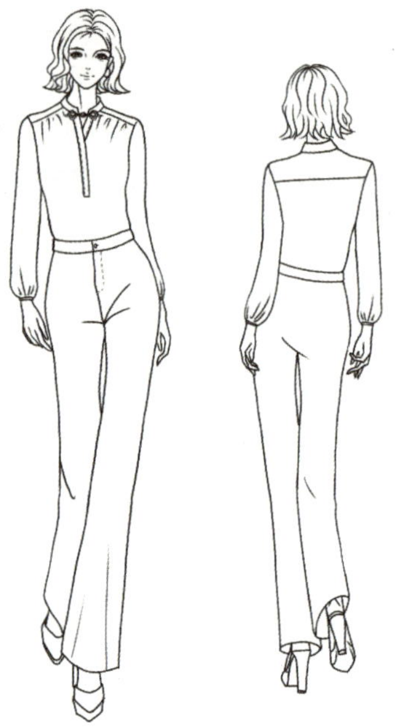

图 5-25　单立领育克女衬衫款式图

纸样技术要求：
1. 规格设计符合造型要求。
2. 图线及制图符号应用合理、表达清晰、线形流畅。
3. 纸样符合人体结构和款式特征。
4. 样片齐全，正确加放缝份、处理边角，剪口对位正确。
5. 标注必要的样片信息：样片名称、数量、用料方向等

任务实施

1. 款式分析

本款女衬衫款型略松身。前中开襟至胸围线与腰节线之间，并安装门、里襟，肩部装育克，前片于育克下方抽少量碎褶，前、后片均直腰身平下摆；装单立领，领口装饰一粒盘扣；装一片袖，袖口呈灯笼造型，以窄条滚边收口，如图5-25所示。

2. 实施步骤

应用女装原型，运用手工方式或服装CAD软件，在原型基础上进行纸样设计：

（1）调整领窝。前领宽增加1 cm，前领点下降1.5 cm；后领宽增加1 cm，领深增加0.5 cm。

（2）设置开襟分割线的位置，起点向里进3 cm，止点在胸围线与腰围线的下1/3处，向里进

1 cm。前中开襟宽度为 2 cm。

（3）作出衣长线。前中线改为点画线。

（4）调整前、后肩端点。肩宽增加 0.5 cm。

（5）调整胸大点。每个衣片的胸大增加 2 cm，胸宽、背宽各增加 1.2 cm。作袖窿曲线，注意前胸省保持两个省边等长。

（6）作侧缝线。侧缝线为直线，下摆起翘 0.7 cm。

（7）作下摆线。中心线处起翘 0.3 cm，侧缝处起翘 0.7 cm。

（8）完成育克。在前片取与前小肩线平行、间距 2 cm 的部分，在后片取中心线处宽度为 7.5 cm 的部分，两者对接为完整的肩部育克结构。

（9）作省道转移。将前片的袖窿省全部转移到前小肩线中间部位，在制作时均匀抽为碎褶。将后片的肩省量全部转移到育克分割线里，再把省作垂直翻转，使省的上面边线为直线，即育克下方的结构线为直线。调整袖窿弧线，留一部分省量作为袖窿松量。

（10）作一片袖。袖山高 = 平均袖窿深的 2/3。袖口处两侧各放出 2 cm，修正袖口曲线，呈向外凸出的形状，袖口处均匀抽碎褶。

（11）作单立领。宽度为 3 cm，在前中心线处起翘 5 cm，在前中线处收进 1 cm。

3. 实施结果

前衣身、门襟、后衣身、育克、领子、袖子等纸样设计结果如图 5-26 所示。

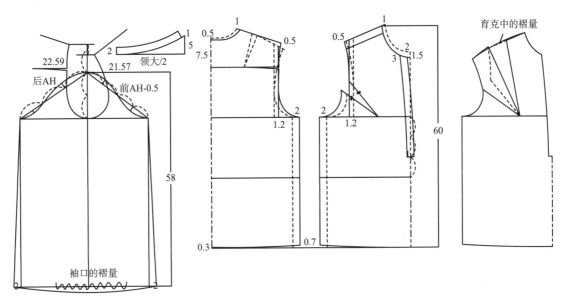

图 5-26　单立领育克女衬衫纸样设计图（单位：cm）

4. 实施难点

（1）在这款衬衫的纸样设计中，袖子的袖口呈灯笼造型，在制作时要恰当地分配褶量，特别是一片袖的袖口中部，即手腕的外侧要有足够的碎褶量。另外，单立领的起翘数据越大，其立起的程度越小。

（2）在本款衣身纸样的设计过程中，前片碎褶的制作，要采用省道转移的方法，将胸省的省量进行集中，再应用于碎褶制作，既能满足胸部立体塑形，又可作出立体造型。

（3）育克结构是本款纸样中的重点，其实质是衣身前片与后片各一部分组合而成的，育克的分割要兼顾肩省处理，既完成新款式的分割线，又藏省量于分割线中，使肩部合体。而且育克结构的下方轮廓线一般情况下都是呈水平状态，这样在面料上就可以保持这个方向纱线的完整，便于下一步的款式设计和面料应用设计。

5. 纸样放缝

整理所有的图线，将所有的样片加放缝份、调整样板边角、添加样片信息、对位刀口及扣眼位置等，完成样板的制作，如图 5-27 所示。

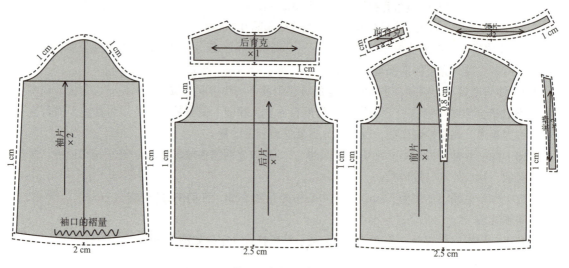

图 5-27　单立领育克女衬衫纸样放缝图

6. 任务评价

评价项目		任务完成情况记录（学生自评）	存在问题及成绩评定（教师评定）
线迹	线型应用正确，线条流畅，纸面（界面）干净整洁		
	结构线造型准确		
	轮廓线和内部结构线标记清晰、明确		
纸样	各部位规格准确		
	胸省转移及应用合理		
	育克结构分割合理，前片褶量合理		
	袖山与袖隆配置合理		
	单立领合体		
	门襟纸样设计与工艺制作方法相呼应		
样板	各纸样提取准确		
	各处缝份加放合理		
	标注样片信息		
	标注对位点		
完成时间		总分	

任务拓展

袖子纸样变化如下。

一、分割灯笼袖

1. 款式分析

如图 5-28 所示的袖子款式，袖身因分割线而分为四片，在袖肘至袖口之间膨起呈灯笼形状，装袖头。

2. 实施步骤

（1）绘制一片衬衫袖，中高袖山。

（2）沿袖中线、袖折线将袖身分为四份，按照袖口规格为 22 ～ 23 cm，将多余量在袖口分割线处去除，再在每一袖片的合适位置放出灯笼造型的凸起量。

3. 实施结果

分割灯笼袖的纸样设计结果如图 5-29 所示。

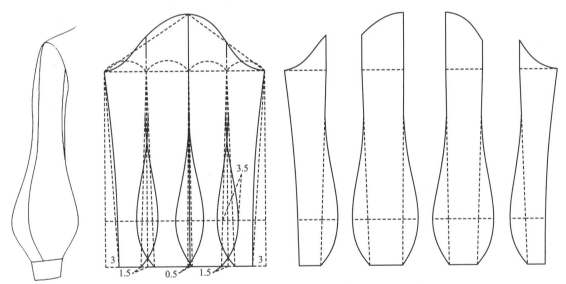

图 5-28　分割灯笼袖款式图

图 5-29　分割灯笼袖纸样设计图（单位：cm）

4. 实施难点

（1）袖口规格的控制要在袖口上几个部位匀着进行。

（2）灯笼造型的凸起量根据造型的大小、高低位置设计。

二、灯笼短袖

1. 款式分析

如图 5-30 所示的短袖款式，袖山处有少量碎褶，袖口处有大量碎褶，成为灯笼造型，装袖头。

2. 实施步骤

（1）绘制一片衬衫袖，调整为短袖，如图 5-31（a）所示。

（2）泡泡袖的袖山会占用一部分小肩，这里设计为 2.5 cm，将袖山抬高 3 cm，保持下部 4 cm

图 5-30　灯笼短袖款式图

高的袖山形状不变，重新绘制袖山。袖山顶部保持较大范围的平缓曲线，便于制作碎褶。

（3）将袖身部分沿袖中线分开，分别以袖肥大点为轴旋转出 2 cm，使袖口产生松量，便于制作袖口碎褶。

3. 实施结果

灯笼短袖的纸样设计结果如图 5-31（b）所示。

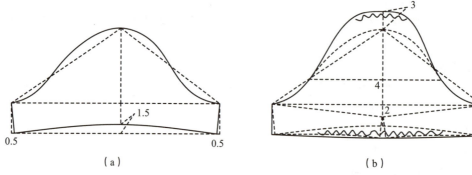

（a）　　　　　　　　　　　　　（b）

图 5-31　一片衬衫袖纸样设计图和灯笼短袖纸样设计图

（a）一片衬衫袖纸样设计图（单位：cm）；（b）灯笼短袖纸样设计图（单位：cm）

三、花瓣袖

1. 款式分析

如图 5-32 所示的短袖款式，在袖山上部设计分割出花瓣造型，也使袖子成为两片的结构。

2. 实施步骤

（1）绘制一片衬衫袖，调整为短袖。

（2）绘制分割线，即花瓣的造型线。主要两条线的交叉点位于袖中线附近。

3. 实施结果

花瓣袖的纸样设计结果如图 5-33 所示。

图 5-32　花瓣袖款式图

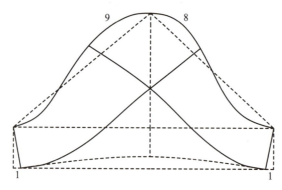

图 5-33　花瓣袖纸样设计图（单位：cm）

任务四　连衣立领女衬衫纸样设计

任务单

任务名称	连衣立领女衬衫纸样设计		
任务要求	根据给定的女衬衫款式（图5-34）信息，应用女装原型进行规格设计及纸样设计，以小组为单位，协作探究，启发互助，独立完成并提交作业		
规格表	单位：cm		
部位	规格		
号型	160/84A		
前衣长	55		
胸围	96		
领大	38		
肩宽	38.5		
袖长	55		
袖口围	22		

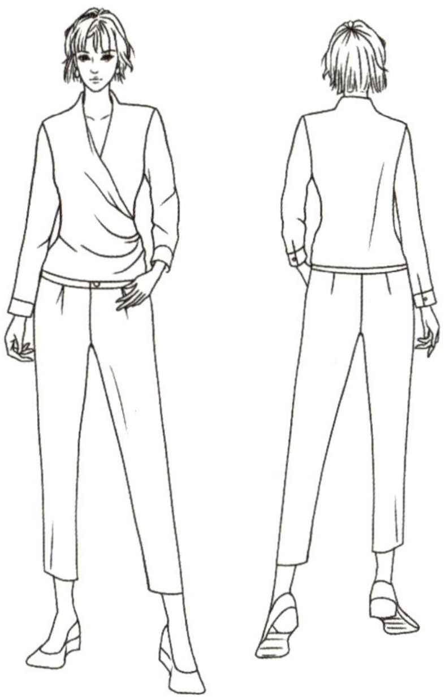

图 5-34　连衣立领女衬衫款式图

纸样技术要求：
1. 规格设计符合造型要求。
2. 图线及制图符号应用合理、表达清晰、线形流畅。
3. 纸样符合人体结构和款式特征。
4. 样片齐全，正确加放缝份、处理边角，剪口对位正确。
5. 标注必要的样片信息：样片名称、数量、用料方向等

任务实施

1. 款式分析

本款女衬衫款式合身，前襟呈现不对称结构，在左侧缝处开合；衣襟上有长斜向活褶的立体装饰；腰身略收，平下摆；衣领为连衣立领，是原身出领、与衣身连为一体的立领结构；装一片袖，袖口装袖头，如图5-34所示。

2. 实施步骤

应用女装原型，运用手工方式或服装CAD软件，在原型基础上进行纸样设计。

（1）作出前片衣长线。

（2）调整肩端点。前小肩放出 0.5 cm。后肩省做省道转移，将肩省转移 2/3 至袖窿处作为袖窿松量，再直线连接颈侧点与肩端点，测量后小肩与前小肩等长，确定新的肩端点。

（3）调整胸大点。每个衣片的胸大放出 1 cm，胸宽、背宽各增加 0.6 cm，作袖窿曲线。注意前胸省保持两个省边等长。

（4）作侧缝线。腰节处收进 3.5 cm，下摆处起翘 2 cm。

（5）作出下摆线。后中心下落 1 cm。

（6）作领子。从后向前画领子。后中心处领高 4 cm。

（7）对称画出整个完整的前片，画出前片的领口弧线。

（8）作前片的纸样分割。先确定出左侧侧缝处的活褶位置，画出纸样分割的剪切线。再作省道转移，在袖窿处留 0.5 cm 省量作为松量，把其余的袖窿省量转移至左侧侧缝处第一个活褶位置。继续剪开三条剪切线，展开并加入褶量，分别为 6 cm、6 cm、5 cm，修正袖窿曲线，画出活褶根部的位置。

（9）作一片袖。测量前、后袖窿弧长及平均袖窿深。袖山高 = 平均袖窿深的 2/3，画出袖山曲线。袖口大小 = 袖口规格 + 一个 3 cm 的活褶。

（10）袖衩位置在后侧 1/4 袖口处，袖衩采用一根衩条夹缉毛边的方法制作。

（11）绘制袖头，长度为袖口围规格 + 搭门宽，即 22+2=24 cm，宽度为 5 cm。

3. 实施结果

（1）前、后衣身、袖子、袖头的纸样设计结果如图 5-35 所示。

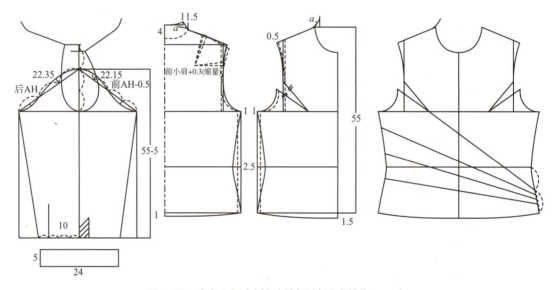

图 5-35　连衣立领女衬衫纸样设计图（单位：cm）

（2）前衣身的纸样变化结果如图 5-36 所示。

4. 实施难点

（1）本款纸样设计中，很好地利用了面料的特性。服装穿到人体上后，面料会放松，受重力而自然下垂达到稳定状态，长斜向活褶就呈现出柔软、弯曲的立体形状；领口部分作出直线状，可以连裁出贴边，十分方便，同时使止口平薄、美观，再则其纱向为斜纱，具有良好的悬垂性，形成的成衣活褶造型也会张力均匀、弯度自然。

（2）连身立领是一款较有民族特色的领型，注意领高的数据要适中，且领子的侧面为斜纱方向，制作时要使用适当的工艺方法，增加其强度，使其不易变形。

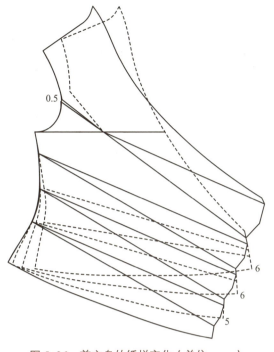

连衣立领女衬衫
纸样设计

图 5-36　前衣身的纸样变化（单位：cm）

5. 纸样放缝

　　整理所有的图线，将所有的样片加放缝份、调整样板边角、添加样片信息、对位刀口及扣眼位置等，完成样板的制作，如图 5-37 所示。

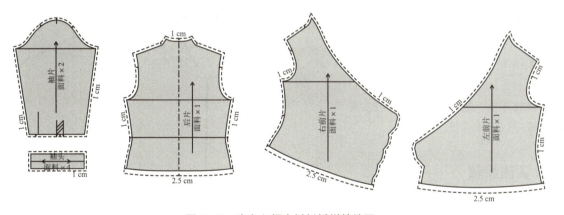

图 5-37　连衣立领女衬衫纸样放缝图

6. 任务评价

	评价项目	任务完成情况记录 （学生自评）	存在问题及成绩评定 （教师评定）
线迹	线型应用正确，线条流畅，纸面（界面）干净整洁		
	结构线造型准确		
	轮廓线和内部结构线标记清晰、明确		

评价项目		任务完成情况记录（学生自评）	存在问题及成绩评定（教师评定）
纸样	各部位规格准确		
	腰省量分配合理		
	袖山与袖窿配置合理		
	连衣立领合体，肩线顺畅		
	门襟纸样设计与工艺制作方法相呼应		
	袖衩纸样设计与工艺制作方法相呼应		
样板	各纸样提取准确		
	各处缝份加放合理		
	标注样片信息		
	标注对位点		
完成时间		总分	

任务拓展

连身短袖女衬衫衣身纸样设计如下。

一、款式分析

如图 5-38 所示，款式较为宽松，袖子为原身出袖、短袖，前中心处的止口线采用对接形式，侧缝于腰节线下抽少量碎褶，碎褶以下作开衩。

二、实施步骤

应用女装原型，运用手工方式或服装CAD软件，在原型基础上进行纸样设计。

（1）进行省道转移。将前身的袖窿省全部转移到侧缝腰节线下的适当位置；将后身的肩省全部转移到侧缝腰节线下与前片对应的位置。确定衣长线。

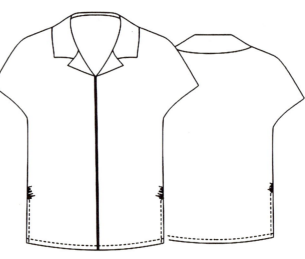

图 5-38　连身短袖女衬衫款式图

（2）调整领窝。前领宽、领深各增加 1 cm，后领宽增加 1 cm、后领深增加 0.3 cm，绘制领窝线。

（3）从肩端点处绘制袖中线，分别向下倾斜一定角度。完成小肩线与袖中线相连的绘制。

（4）将前胸大增加 2.5 cm，测量前胸大数据，后胸大与其等量，绘制出后侧缝线位置。

（5）袖窿底下落 6 cm，绘制袖口线。

（6）完成侧缝线，前、后侧缝线等长，前侧缝有适当起翘。

（7）完成中线、下摆线绘制。

三、实施结果

衣身的纸样设计结果如图 5-39 所示。

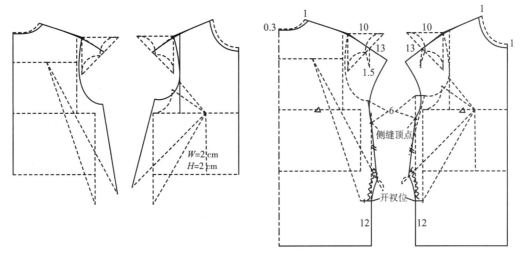

图 5-39　连身短袖女衬衫衣身纸样设计图（单位：cm）

四、实施难点

（1）原身出袖款式，袖中线与水平线的夹角不小于肩斜角度，可以适当调整，以改变衣袖的合体程度和外观造型。

（2）肩省转移至侧缝后，使后胸大增加了，用前胸大的数据控制后胸大，使两者相等。

（3）侧缝处的省量会使成衣穿着后，侧缝下沉，侧缝至凸点之间产生斜绉，影响美观，因此在侧缝处抽碎褶提升侧缝，改善外观。因前后省量不等，也可以前侧缝多抽一些褶量，使两条侧缝直线等长，则前侧缝就不用起翘了。

能量加油站

一、行业透视

扫描二维码，了解我国服装行业先进技术和设备，开拓视野，增加专业积累，激发绿色发展意识，树立节约意识，增加民族自豪感和使命担当。

问题1：谈谈你所了解的服装专业设备及应用领域。

问题2：查阅资料了解最新的行业技术和新设备、新工艺。

了解服装行业的先进设备和技术

二、华服课堂

短衫（襦）长裙是唐代女子的常见服饰。短衫（襦）与长裙外搭半臂或披帛，展现了唐代女子的时尚风貌。初唐时期，女装承袭前朝传统和胡服影响，流行窄小款式。到了中晚唐时期，衫（襦）服的袖子日渐宽大。齐胸衫裙在唐代仕女中较为盛行，一些古画、文物中常有记载。它通常由短衫（襦）和下裙组成，衫（襦）以交领或对襟为主，下裙高至腋下，用带子系扎（图 5-40）。

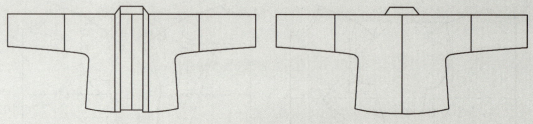

图 5-40　直领对襟短衫款式图

三、课后闯关

1. 理论练兵

扫描下方二维码，完成测试。

职业资格测试题

2. 技能实战

任务名称	不对称设计款女衬衫		
任务要求：根据给定的款式（图 5-4），结合各任务知识和技能的学习，进行任务的探究，独立完成并提交作业			
规格表	单位：cm		
部位	规格		
号型	160/84A		
前衣长	60		
胸围	100		
肩宽	38.5		
落肩	6		
袖长	63		
袖口围	22		

图 5-41　不对称设计款女衬衫

续表

纸样技术要求：
1. 手工或 CAD 工具完成纸样变化。
2. 纸样符合人体结构和款式特征。
3. 正确使用制图线条与符号，图线清晰、流畅，细节处理得当。
4. 放缝缝边准确，标注用料方向、对位、缩量等必要信息。
5. 裁片名称、数量、规格代号标示清楚

不对称设计款
女衬衫设计

小提示

　　在纸样结构设计中，要充分理解款式特征、相关的结构处理手段，同时结合样衣制作，对面料、工艺、纸样等几个要素建立关联，更好地完成纸样设计工作。在学习工作中，审美意识的培养和表达很重要，要具备举一反三的能力，设计有美感和技术元素的纸样。

四、企业案例

扫描下方二维码，查看女衬衫企业案例。

女衬衫原型结构样板　　女衬衫净板　　女衬衫推板　　女衬衫衬料样板　　女衬衫面料样板

项目六
女外套纸样设计

主要内容

对应服装制版师职业资格中女外套部分的知识能力要求，学习女外套纸样设计知识，能够识读技术文件进行产品款式分析，完成样板绘制和程序编制。

学习重点

应用原型进行衣身廓形和设计、分割线设计。

学习难点

1. 两片袖的纸样设计，翻领、驳领纸样设计与变化。

2. 能够正确应用符号和工具，识别款式特征，根据款式图或技术文件进行规格设计、款式变化；能够选用适当的面辅料，表达设计要求和造型特征。

学习目标

1. 了解女外套基本知识、结构与女体形态的关联性；

2. 识读技术文件中的女外套款式结构特点；

3. 能够运用正确的量体方法进行量体，根据量体数据进行正确的加放，合理制定服装规格；

4. 能够根据款式图和规格表，灵活运用制版原理和结构设计方法进行款式分析与结构变化，完成纸样设计；

5. 能够给纸样合理添加缝份、剪口、扣位、布纹线等标识，完成工业纸样的设计；

6. 在女外套纸样设计的过程中，培养认真、严谨的制版习惯，养成良好的职业素养，融入审美意识，植入工匠情怀；

7. 在小组学习过程中，培养合作意识，锻炼创新思维和灵活性，提升综合素质。

外套是穿在最外层衣服的总称。从古代波斯帝国遗址的壁画中，人们发现了西方历史上最早的大衣或外套雏形，14—15世纪在欧洲普遍流行。当时的款型比较简单，女性外出或参加社交礼仪活动，在衣服外面穿的外套，多是披风或斗篷；披风的"袖子"似羽翅一样展开，又称"羽袖大衣"，这种披风大衣甚至作为晚礼服外套装保留到现在。我国早在先秦时期，男、女在丝棉长袍外面套穿一种叫"表"的外套。当时的《礼记·丧大记》记载：根据社交礼仪要求"袍必有表"，即在袍的外面套穿长外套"表"。《礼记》中记载，"裘之裼也，见美也""见裼衣之美以为敬也"。就是说，在长皮袍外面罩上外套，不但是为了装饰美，而且是尊敬礼节要求。

现代女外套由男式外套演变而来，直到19世纪初期，翻领的西式外套、大衣才基本定型。本项目中女外套泛指穿在女性身体外面的短外套，包括女西装、夹克等。

一、女外套的分类

（1）按廓形分，可分为H廓形女外套、X廓形女外套、O廓形女外套和A廓形女外套。

（2）按款式细节分：

1）按门襟宽窄和纽扣形状分，可分为宽门襟女外套、窄门襟女外套、单排扣女外套和双排扣女外套等（图6-1）。

2）按帽子的有无分，可分为有帽子女外套和无帽子女外套等。

3）按领型分，可分为无领女外套、立领女外套、翻领女外套和驳领女外套等（图6-2）。

图 6-1　按女外套的廓形分类　　　　　　图 6-2　按女外套的领型分类

4）按腰带的有无分，可分为有腰带女外套和无腰带女外套等。

5）按袖子分，可分为一片袖女外套、两片袖女外套和多片袖女外套等；以及装袖女外套、插肩袖女外套和连肩袖女外套等（图6-3）。

图 6-3　按女外套的袖子分类

6）按下摆分，可分为直下摆女外套、斜下摆女外套和曲摆女外套等。

7）按结构形式分，可分为对称女外套和不对称结构女外套等。

8）按分割线分，可分为公主线女外套、刀背缝女外套和育克女外套等。

二、女外套的面料

　　面料可根据用途、季节、款式特征及流行因素综合选择。从棉、毛、麻等天然纤维到化学纤维或合成纤维，都可运用到不同的外套设计中。毛类织物是公认的高档女外套面料，根据季节的不同、面料的厚薄不同，不同材质的面料具有不同的特性，结合工艺手段可起到很好的效果。一般情况下，当造型设计简洁、明快时，选择有特色的面料。随着现代纺织技术的发展，越来越多的新型面料应用于女外套设计制作中。

女外套概述

任务一　公主线通天省女外套纸样设计

任务单

任务名称	公主线通天省女外套纸样设计

任务要求：根据客户来样，应用女装原型进行纸样设计（图6-4），以小组为单位，协作探究，启发互助，独立完成并提交作业

规格表	单位：cm
部位	规格
号型	160/84A
衣长	64
肩宽	38
胸围	92
腰围	76
袖长	58
袖口	25
翻领	3.5
领座	2.5

图6-4　公主线通天省女外套款式图

纸样技术要求：
1. 使用原型，手工或CAD工具完成纸样变化。
2. 正确分析款式特征，纸样符合人体结构和款式特征。
3. 正确使用制图线条与符号，图线清晰、流畅、细节处理得当。
4. 放缝缝边准确，标注用料方向、对位、缩量等必要信息。
5. 裁片名称、数量、规格代号等信息标示清楚

任务实施

1. 款式分析

　　四开身女外套，平驳头西服领，前后片设计通天公主线，单排三粒扣，直下摆，双嵌线口袋，

后中开背缝，装袖，袖型为圆装合体两片袖，如图6-4所示。

2. 实施步骤

（1）前、后片加宽领口 0.6 ~ 1 cm，作出后领口弧线。

（2）作出前片衣长。

（3）作出背中线，腰围线偏进 1 cm，与背高点连线。

（4）根据公主线位置转移后肩省。

（5）作出胸围规格，前胸围 $B/4+0.5=23.5$ cm，后胸围 $B/4-0.5+0.3=22.8$ cm（调节量）。

（6）作出搭门宽 2 cm。

（7）计算前、后衣片的腰省及分配量。

（8）设计前、后片的公主线。设计后公主线，前胸省转移到肩省，设计前公主线。

（9）作出底摆的放量和起翘。

（10）作出袋位，袋位中有分割缝，需要进行位置的相应变化。

（11）作出翻折线，上端点：领座宽度 -0.5 cm；下端点：根据款式的实际位置确定。

（12）作出扣位。下纽扣距底摆衣长 /3-1 cm，上纽位与翻折线平齐，等分找到第二粒扣的位置。

（13）作驳领。驳头的高低、宽窄根据款式确定。

（14）作翻领。领嘴、领角大小根据造型确定，利用镜像关系作出前片领子的平面造型，再利用后领的成型状态转化成平面衣领，最后修正。

（15）分领座。

（16）根据前、后片的肩线、袖窿弧线作出袖山高和袖肥。

（17）作出一片袖，利用前、后片的偏袖关系作出大、小袖。

（18）作出挂面、垫袋、袋牙等其他部件。

3. 实施结果

（1）前、后片纸样设计如图6-5所示。

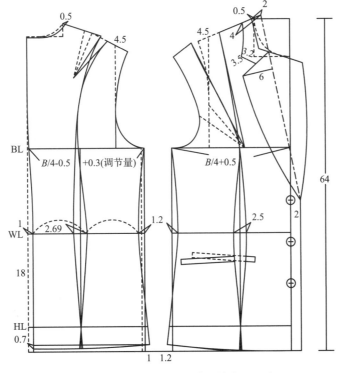

图 6-5　前、后片纸样设计（单位：cm）

（2）领片、挂面纸样设计如图6-6所示。

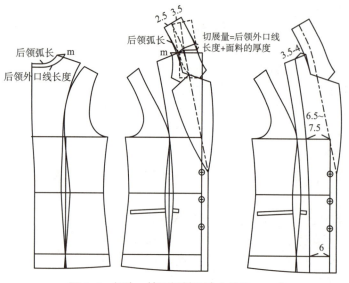

图6-6 领片、挂面纸样设计（单位：cm）

领子纸样设计

（3）分领座纸样设计如图6-7所示。

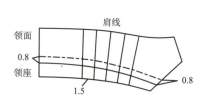
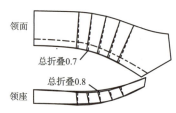

图6-7 分领座纸样设计（单位：cm）

底摆起翘

（4）两片袖的纸样设计如图6-8所示。

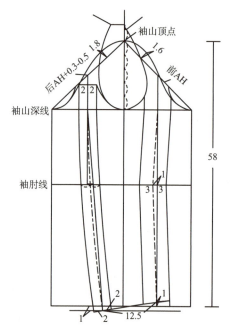

图6-8 两片袖的纸样设计（单位：cm）

样板复核

两片袖纸样设计

4. 实施难点

（1）公主线的设计融合造型和功能性设计，线条不能弯度太大，符合人体的造型特征。

（2）翻折线的确定由上、下两个端点决定，上端点为领座宽 -0.5 cm，下端点根据服装造型中翻折线的止点确定（即第一粒扣的位置）。

（3）前衣片合缝后口袋的位置、长度都发生变化，需要根据缝合关系进行位置的修正。

（4）领子的纸样设计是在将立体状态下的配领关系变成平面结构关系，配领方法适用于翻领和驳领，正确的步骤及前、后领子的配合关系很重要。

（5）前、后片纸样完成后需要做尺寸规格校验，保证各部位规格符合成品尺寸。

（6）袖山高、袖肥是袖子成型的重要参数，一般确定袖山造型，袖山吃量后再配袖身。

（7）女装中袖山一般保持 2.5 ~ 3.5 cm 的装袖吃势，吃势量也要跟面料的特性有关，保持女装袖山饱满、圆顺，符合人体特征。

（8）翻领领面与领里放缝不同，与领座缝合放缝 0.5 ~ 0.6 cm，便于形状准确合和分缝熨烫。

5. 纸样放缝

公主线通天省女外套纸样放缝如图 6-9 所示。

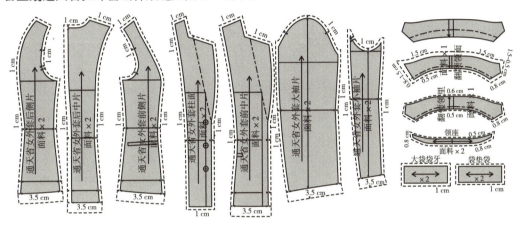

图 6-9　公主线通天省女外套纸样放缝图

6. 任务评价

评价项目及要求		任务完成情况记录 （学生自评）	存在问题及成绩评定 （教师评定）
线迹	线型应用正确，线条流畅，纸面（界面）干净整洁		
	结构线造型准确		
	轮廓线和内部结构线标记清晰、明确		
纸样	各部位规格准确		
	腰省量分配合理		
	分割线设计得当，符合款式造型特征		
	领子与领口配合得当，翻领、领座松量适宜		
	袖山与袖窿配置合理，袖型结构合理		
	扣位、袋位设计合理		
	挂面等其他部件齐全		
样板	各纸样提取准确		
	各处缝份加放合理		
	标注样片信息		
	标注对位点		
完成时间		总分	

任务二　翻驳头连立领女外套纸样设计

任务单

任务名称：翻驳头连立领女外套纸样设计

任务要求：根据客户来样信息，应用女装原型进行纸样设计（图 6-10），以小组为单位，协作探究，启发互助，独立完成并提交作业

规格表	单位：cm	
部位	规格	
号型	160/84A	
衣长	66	
肩宽	38（成品为 35）	
胸围	92	
腰围	76	
袖长	58	
袖口	25	
立领	3	

图 6-10　翻驳头连立领女外套款式图

纸样技术要求：

1. 正确表达款式特征，使用原型，手工或 CAD 工具完成纸样变化。
2. 纸样符合人体结构和款式特征。
3. 正确使用制图线条与符号，图线清晰、流畅、细节处理得当。
4. 放缝缝边准确，标注用料方向、对位、缩量等必要信息。
5. 裁片名称、数量、规格代号等信息标示清楚

任务实施

1. 款式分析

四开身女外套，前、后片袖窿处设计公主线，单排一粒扣，斜下摆，腰节分割线，腰节线下设计对褶。领型为连身立领，翻驳头。后中开背缝，袖型为圆装两片袖，袖山头设计两个褶裥，袖口开衩，钉三粒扣，如图 6-10 所示。

2. 实施步骤

（1）调整前后领口，领宽加大 1.5 cm，作出新的后领深、后领窝弧线。

（2）作出前衣长 66 cm，定出下平线。作出衣片的胸围线、腰围线和臀围线。

（3）根据款式特征将腰线上抬 1 cm。

（4）转移后肩省后，作出新的后领弧线、后肩线，量出后肩宽，先按原型尺寸确定 S/2=19 cm，再根据款式调整。

（5）根据后小肩长 - 缩缝量确定前小肩的长度，作出后背中线。

（6）作胸围大。成品胸围 92 cm，与原型相同，补充后片刀背线缝、背中线困势的量，确定前、后片的侧缝线。

（7）肩袖互借量 1.5 ~ 2.5 cm，作新袖窿弧线。

（8）根据胸腰差计算腰省。

（9）作出侧缝线。本款外套长度超过臀围线，需要在臀围处放出一定的松量。

（10）前片的搭门宽 2 cm。

（11）定出翻折线，下端点跟第一粒扣位平齐。

（12）设计驳领，驳头宽 7 cm。

（13）设计前片的止口斜线，注意驳头止口与前止口线条光滑连贯。

（14）作前片底摆的起翘，根据款式图位置先做前片起翘。

（15）作出后底摆线。

（16）设计前片分割线，位置参考款式图。

（17）设计后片的刀背缝，弧度不能太大。

（18）作前、后片的连立领结构。

（19）利用前、后片腰线作横向分割线。

（20）完成前、后片分割处的纸样变化。

（21）在前、后片的基础上配袖子，先定袖山高，再考虑袖肥因素。

（22）配袖子。

（23）作出袖山头褶裥造型，以及其他部件。

3. 实施结果

（1）前、后片的纸样设计如图 6-11 所示。

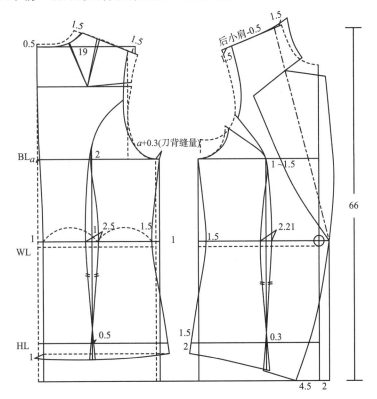

前、后片基本结构

图 6-11　前、后片的纸样设计（单位：cm）

（2）立翻领纸样设计如图 6-12 所示。

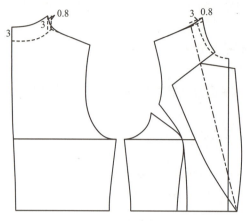

下摆分割线设计

图 6-12　立翻领纸样设计（单位：cm）

（3）袖子纸样设计如图 6-13 所示。

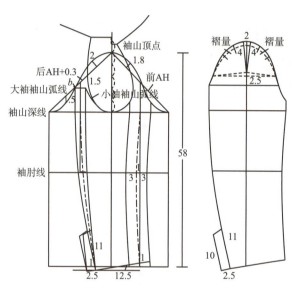

袖子纸样设计

图 6-13　袖子纸样设计（单位：cm）

（4）前、后片褶裥纸样设计如图 6-14 所示。

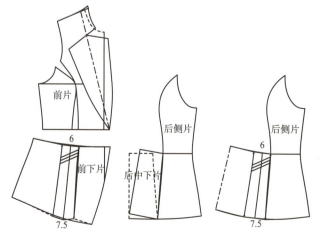

前、后片褶裥设计

图 6-14　前、后片褶裥纸样设计（单位：cm）

4. 实施难点

（1）连立领基本领口加宽适宜，翻折线的设计是本款的难点，利用翻折线作出立领和翻驳领。

（2）平肩袖、耸肩袖、褶裥袖等袖子要做窄肩宽，配袖后再追加，形成肩袖互借结构。

（3）驳领外口弧线和前止口弧线要连贯滑顺。

（4）前、后片利用腰间的断缝分割进行褶裥纸样变化，先合并省道再追加褶裥，褶量结合样衣效果调整。

（5）前、后片纸样完成后需要先作尺寸规格校验，保证各部位规格符合成品尺寸，再配袖、配领。

（6）袖山高的追加使大小袖后袖缝位置有所变化，需要对袖型进行处理。

（7）袖山褶裥的位置和大小参考样衣进行修改并确定。

5. 纸样放缝

翻驳头连立领女外套纸样放缝如图 6-15 所示。

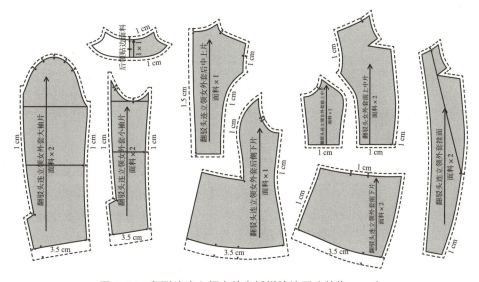

图 6-15　翻驳头连立领女外套纸样放缝图（单位：cm）

6. 任务评价

	评价项目及要求	任务完成情况记录 （学生自评）	存在问题及成绩评定 （教师评定）
线迹	线型应用正确，线条流畅，纸面（界面）干净整洁		
	结构线造型准确		
	轮廓线和内部结构线标记清晰、明确		
纸样	各部位规格准确		
	腰省量分配合理		
	分割线设计得当，符合款式造型特征		
	连立领、驳领造型准确		
	袖山与袖窿配置合理，袖型结构合理		
	裁片分割、褶裥放量合理		
样板	各纸样提取准确		
	各处缝份加放合理		
	标注样片信息		
	标注对位点		
完成时间		总分	

任务三　荡领平肩袖女外套纸样设计

任务单

任务名称	荡领平肩袖女外套纸样设计	
任务要求：根据客户来样，应用女装原型进行纸样设计（图 6-16），以小组为单位，协作探究，启发互助，独立完成并提交作业		

规格表	单位：cm	
部位	规格	
号型	160/84A	
衣长	64	
肩宽	39	
胸围	92	
腰围	76	
袖长	58	
袖口	25	
翻领	4	
领座	3	

图 6-16　荡领平肩袖女外套款式图

纸样技术要求：
1. 正确表达款式特征，使用原型，手工或 CAD 工具完成纸样变化。
2. 正确分析款式特征，纸样符合人体结构和款式特征。
3. 正确使用制图线条与符号，图线清晰、流畅，细节处理得当。
4. 放缝缝边准确，标注用料方向、对位、缩量等必要信息。
5. 裁片名称、数量、规格代号等信息标示清楚

任务实施

1. 款式分析

荡领女外套前、后片设计公主线，圆下摆，无搭门，双嵌线口袋，后中开背缝，装袖，袖型为平肩合体两片袖，如图 6-16 所示。

2. 实施步骤

（1）前、后片加宽领口 0.6 ~ 1 cm，作出后领口弧线。

（2）转移后肩省，定出前、后肩端点。

（3）作出前片衣长，定出下平线。

（4）作出背中线，腰围线偏进 1 cm，与背高点连线。

（5）作出胸围规格，前胸围 B/4+0.5=23.5 cm，后胸围 B/4-0.5+0.3=22.8 cm（调节量）。

（6）画出新的袖窿弧线。根据平肩袖的特征将前后的肩端点向里偏进 2 ~ 2.5 cm。

（7）根据款式特征可将腰线先上抬 0.5~1 cm，再按照腰围规格计算前、后衣片的腰省及分配量。

（8）设计前、后片的公主线。先设计后公主线，再设计前公主线，公主线的位置根据款式需要进行设计。

（9）作出底摆的放量和起翘。

（10）翻折线上端点：领座宽度 -0.5 cm；下端点：根据款式，与第一粒扣平齐。

（11）作出袋位，长 13.5 cm，宽 4 cm，袋位中有分割缝，需要进行位置的相应变化。

（12）作驳领。驳头的高低、宽窄根据款式规格确定。

（13）作翻领。先作出前片领子的平面造型，再利用后领的成型状态转化成平面衣领，最后修正。

（14）荡领的纸样变化。

（15）根据前、后片的肩线、袖窿弧线作出袖山高和袖肥。

（16）作出一片袖，利用前、后片的偏袖关系作出大小袖。

（17）作出平肩袖造型。

（18）作出挂面、垫袋、袋牙等其他部件。

3. 实施结果

（1）前、后片基本结构设计如图 6-17 所示。

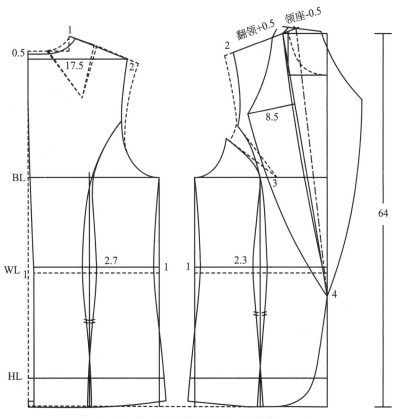

图 6-17　前、后片基本结构图（单位：cm）

（2）领片纸样设计及荡领变化如图6-18、图6-19所示。

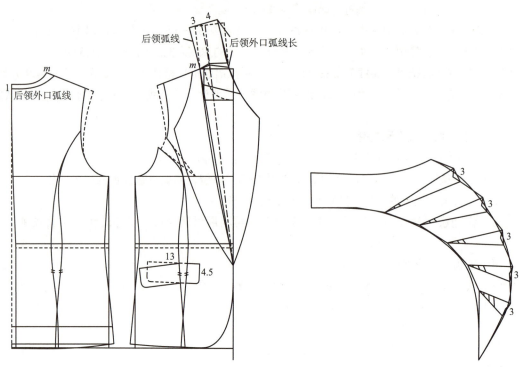

图6-18　前、后片和领片纸样设计图（单位：cm）　　　　图6-19　荡领纸样变化图（单位：cm）

（3）平肩袖纸样设计如图6-20所示。

（4）挂面与荡领底的纸样设计如图6-21所示。

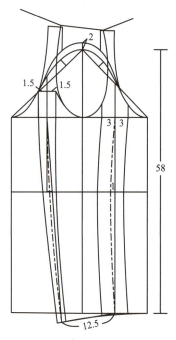

图6-20　平肩袖纸样设计图（单位：cm）

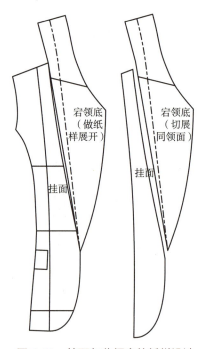

图6-21　挂面与荡领底的纸样设计

4. 实施难点

（1）翻折线的确定由上、下两个端点决定，上端点为领座-0.5 cm，下端点即翻折线的止点。

（2）前衣片合缝后口袋的位置、长度都发生变化，需要根据缝合关系进行位置的修正。

（3）荡领设计时先作出领子的基本结构，然后根据造型进行纸样切展变化。

（4）前、后片纸样完成后需要先作尺寸规格校验，保证各部位规格符合成品尺寸，再进行配袖。

（5）袖山高、袖肥是袖子成型的重要参数，决定了袖子的舒适度和美观度，一般确定袖山造型，袖山吃量后再配袖身。

（6）平肩袖需要使用肩袖互借，视觉上减少肩宽。在袖山高上补充相应的量，袖山头的平肩袖造型量一般分缝后前后袖山与袖身分割线长度相等，即 0~0.3 cm 的吃量。同时制作时注意操作手法，不能拉伸变形。

（7）平肩袖是在两片袖的基础上变化产生，袖山头既要满足与衣身前后袖窿长度一致，还要保证前、后袖山分割造型与款式相符，因此需要进行反复的调版，并结合样衣制作确定最后的版型。

（8）荡领制作时先制作领子，将缝份夹在挂面和前片间，四层一起固定，注意领面、领底的里外容关系。

5. 纸样放缝

荡领平肩袖女外套纸样放缝如图 6-22 所示。

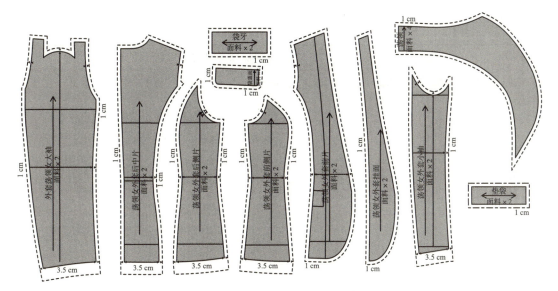

图 6-22　荡领平肩袖女外套纸样放缝图

6. 任务评价

评价项目及要求		任务完成情况记录 （学生自评）	存在问题及成绩评定 （教师评定）
线迹	线型应用正确，线条流畅，纸面（界面）干净整洁		
	结构线造型准确		
	轮廓线和内部结构线标记清晰、明确		
纸样	各部位规格准确		
	腰省量分配合理		
	分割线设计得当，符合款式造型特征		
	领子结构准确，荡领设计方法得当，造型正确		
	袖山与袖窿配置合理，平肩袖袖型结构合理		
	扣位、袋位设计合理		
	挂面、领面、领底配合得当		
	其他部件齐全		

评价项目及要求		任务完成情况记录 （学生自评）	存在问题及成绩评定 （教师评定）
样板	各纸样提取准确		
	各处缝份加放合理		
	标注样片信息		
	标注对位点		
完成时间		总分	

任务四　刀背缝连身袖女外套纸样设计

任务单

任务名称	刀背缝连身袖女外套纸样设计
任务要求：根据客户来样，应用女装原型进行纸样设计（图6-23），以小组为单位，协作探究，启发互助，独立完成并提交作业	

规格表	单位：cm
部位	规格
号型	160/84A
衣长	60
肩宽	39
胸围	94
腰围	78
袖长	58
袖口	27
翻领	4
领座	2.5

图6-23　刀背缝连身袖女外套款式图

纸样技术要求：
1. 使用原型，手工或CAD工具完成纸样变化。
2. 正确分析款式特征，纸样符合人体结构和款式特征。
3. 正确使用制图线条与符号，图线清晰、流畅、细节处理得当。
4. 放缝缝边准确，标注用料方向、对位、缩量等必要信息。
5. 裁片名称、数量、规格代号等信息标示清楚

任务实施

1. 款式分析

合体女外套，V领口装翻领，双搭门两粒扣，直下摆，刀背式连身袖，左右各一单牙袋，后中开背缝，如图6-23所示。

2. 实施步骤

（1）应用原型，用虚线表示。

（2）后片转移肩省，分配到领省0.2 ~ 0.3 cm，肩部0.5 cm，其余转到袖窿。

（3）前、后领加宽1 cm，作出新后领弧线。

（4）按照S/2量出后肩端点的位置，后小肩长 -0.5 cm确定前肩端点。前、后胸围量分配可以调整。

（5）作出前、后片新的袖窿弧线。

（6）侧缝向里收进1.3 cm，下摆摆出1 cm，作出前后的侧缝弧线。

（7）作搭门宽6 ~ 7 cm，作出翻折线。翻折线的上端点：领座 -0.5 cm，下端点与腰线平齐，作出扣位。

（8）作前领口弧线和领子的形状。

（9）省道转移，连身袖、插肩袖结构设计先将袖窿省转移到其他位置，如领省、腋下等。

（10）在原身基础上配置一片袖，并从袖中线分离前、后袖片。

（11）前、后肩点平移1 cm，将前、后袖片按对位标记对正，旋转至肩部平移1 cm处，按住肩点点位，旋转袖片至袖窿剪口与袖山弧线剪口相距1 cm。

（12）作出前、后袖口大，前、后袖口上部分别减、加2 cm，符合袖子造型和运动规律。

（13）作出袖子外袖缝，袖底缝向里凹进1 ~ 1.2 cm，注意前后长度相等。

（14）设计刀背缝的结构，前片进行省道转移。

（15）画出挂面、口袋位、袋牙、垫袋等其他部件。

3. 实施结果

（1）前、后片及领片基本结构如图6-24所示。

（2）一片袖基本结构如图6-25所示。

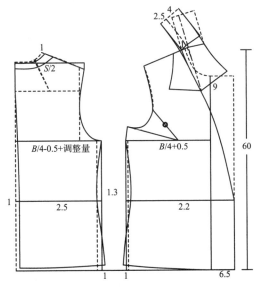
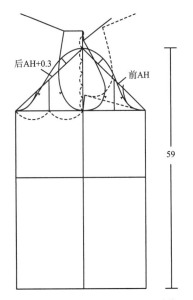

图 6-24　前、后片及领片基本结构（单位：cm）　　图 6-25　一片袖基本结构（单位：cm）

（3）连肩袖的配置关系如图6-26所示。

（4）连肩袖、衣身纸样设计的配置关系如图6-27、图6-28所示。

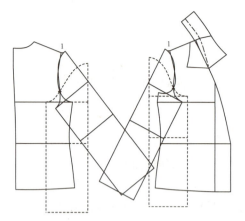
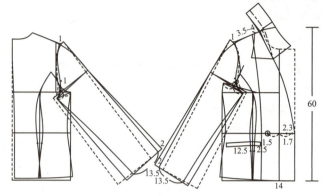

图 6-26　连肩袖的配置关系（单位：cm）　　　图 6-27　连肩袖、衣身纸样设计（单位：cm）

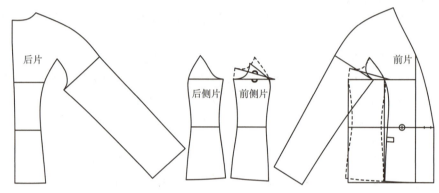

图 6-28　连肩袖、衣身的配合关系

4. 实施难点

（1）连身袖的纸样设计是难点，可以参考插肩袖的配袖方法，需要将前、后的肩省及袖窿省先转移，如腋下、领口等处，保持肩、袖的完整结构，确保结构线位置合理。

（2）本款翻领的翻折线位置设计是重点，翻领的领型可以结合样衣进行调整和修正。

（3）分割线位置的设计，在连身袖完成的基础上再进行公主线设计。

（4）连身袖与侧片的缝合，在转角处需要开剪口，剪口开足，不能开过，否则腋下会不平或毛漏。

5. 样板制作

刀背缝连身袖女外套纸样放缝如图 6-29 所示。

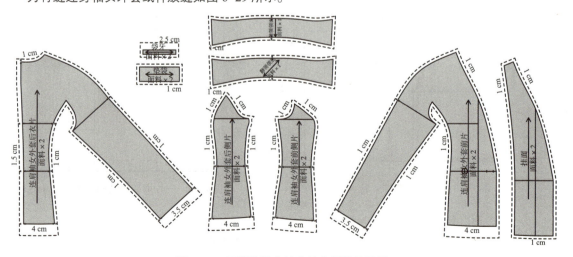

图 6-29　刀背缝连身袖女外套纸样放缝图

6.任务评价

	评价项目及要求	任务完成情况记录（学生自评）	存在问题及成绩评定（教师评定）
线型	线型应用正确，线条流畅，纸面（界面）干净整洁		
	结构线造型准确		
	轮廓线和内部结构线标记清晰、明确		
纸样	各部位规格准确		
	腰省量分配合理		
	腋下分割线设计得当，符合造型和结构特征		
	领子结构准确，符合造型特征		
	连身袖结构正确，袖山与袖窿配置合理		
	扣位、袋位设计合理		
	挂面、领面、领底配合得当		
	其他部件齐全		
样板	各纸样提取准确		
	各处缝份加放合理		
	标注样片信息		
	标注对位点		
完成时间		总分	

任务拓展

一、宽松原型的纸样设计

1.任务分析

女装纸样设计中不但包括合体服装，还有夹克、宽松外套、休闲上衣等宽松品类的纸样设计，需要对合体原型进行宽松原型的转化，通过省量的内部分散达到前、后片的平衡关系，再进行宽松造型服装的纸样设计。

2.实施步骤

（1）做前片，将袖窿省转移到胸省，胸省的省尖缩短 2.5 cm，如图 6-30 所示。

（2）合并胸省，将胸省从前中展开，形成撇胸。

（3）省尖延长 5 cm，画上纸样切展过程中的辅助线：肩线、腰线、袖窿线和侧展线，如图 6-31 所示。

（4）将前中省量分配到辅助线中。在袖窿线处展开 0.5 cm，肩线处展开 1.5 cm，腰线处展开 1.5 cm，侧展线处胸围位置放出 0.5 cm，如图 6-32 所示。

（5）按照肩宽的规格确定新的肩端点，袖窿加深 0.5 cm 左右作为袖窿的松量，重新画出袖窿弧线，如图 6-33 所示。

（6）将衣片旋转至常规的位置，得到纸样变化后的原型。

（7）再作后片，后肩省分别转到领口 0.5 cm、肩省 0.5 cm，其余转至袖窿。

（8）袖窿省形成自然展开量，并在胸围处展开 0.5 cm。

（9）胸围线处展开 0.5 cm。

（10）侧缝增加 0.5 cm，胸围量、袖窿深加深 0.5 cm，重新画出袖窿弧线，如图 6-34 所示。

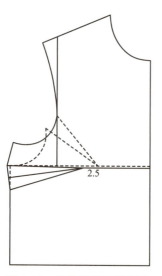
图 6-30　袖窿省转至侧缝图
（单位：cm）

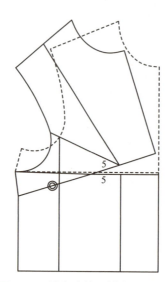
图 6-31　袖窿省转至撇胸，做辅助线
（单位：cm）

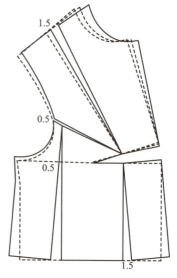
图 6-32　前身省道的分散平衡图
（单位：cm）

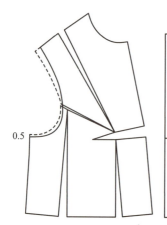
图 6-33　确定肩宽和袖窿弧线图
（单位：cm）

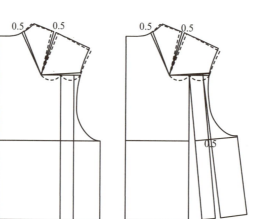
图 6-34　后片宽松原型图（单位：cm）

二、插肩袖纸样设计

1. 任务分析

插肩袖是指袖山与肩部相连，取前胸宽以上肩部的一部分与袖山相连即可呈现出各种形态的插肩袖。如直插袖、斜插袖和半插袖，是袖子造型中的常见袖型，广泛应用于男装、女装、童装、外套、风衣、夹克和大衣等。插肩袖的结构设计一直是服装纸样设计中的难点，应用原型衣身和袖片的配合关系设计插肩袖，适用于合体、宽松插肩袖的纸样设计。

2. 实施步骤

（1）在原型前、后片的基础上配置一片袖。从袖中间剪开，分离前、后袖片。

（2）前片的插肩袖。前肩点平行画出直线 1.5 cm。

（3）前片与袖片的袖标点剪口对位，如图 6-35 所示。

（4）对齐对位袖标点剪口，将袖山弧线旋转到肩部平行距离 1.5 cm 处。

（5）按住袖山弧线与平行距离 1.5 cm 处的点位，旋转至袖窿剪口与袖山弧线上剪口距离 1 cm 处，如图 6-36 所示。

（6）前片合体的插肩袖，袖口 12 ~ 12.5 cm，袖口上部 -2 cm，画顺袖中线与肩部的相连线，袖底缝的袖肘处内收 1 ~ 1.2 cm。

（7）从领口按造型画出插肩线的形状，经袖窿部位至袖底部。

（8）袖山弧线合并 0.5 cm，即缩短袖山内弧线的长度，如图 6-37 所示。

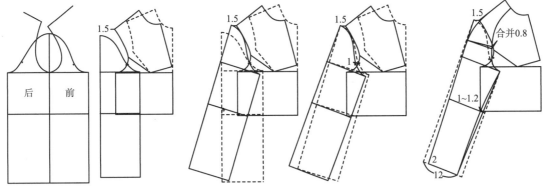

图 6-35　插肩袖衣身和袖片的对位　　　　图 6-36　插肩袖袖山弧线旋转　　图 6-37　插肩袖前袖片形状
　　　　　　（单位：cm）　　　　　　　　　　　　（单位：cm）　　　　　　　　（单位：cm）

（9）后片插肩袖的其方法与前片的插肩袖基本相同，经过肩端处向外作平直线，相距肩点 1.5 cm。

（10）将后袖片和衣身的袖标点进行对位，按住袖山弧线与肩平行直线 1.5 cm 处的点位，旋转袖片至后袖剪口与袖窿剪口的对位处相距 0.5 ~ 1 cm，如图 6-38 所示。

（11）按照款式特征绘制后片的插肩线形状，如图 6-39 所示。

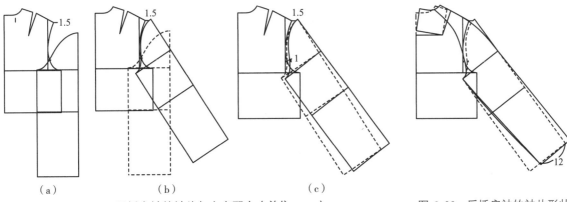

（a）　　　　　　　　（b）　　　　　　　　（c）
图 6-38　后插肩袖的袖片与衣身配合（单位：cm）　　　　　图 6-39　后插肩袖的袖片形状
　　　　　　　　　　　　　　　　　　　　　　　　　　　　　　（单位：cm）

能量加油站

一、行业透视

扫描二维码，了解我国服装行业的新型高科技材料，开拓视野，增加专业积累，激发爱国情怀和民族自信，更好地为专业学习和就业服务。

问题 1：我国的服装行业有哪些新型高科技材料？

问题 2：新型高科技材料的发展对服装行业起到哪些作用？

了解服装行业的
新型高科技材料

二、华服课堂

"袄裙"是明代女子常穿的款式，为"上衣下裳"制。早期汉服上衣多称为"襦"，魏晋以后也称作"袄""衫"。一般认为单衣为衫，夹衣为袄。明代袄衫主要分为大襟（衣领交叠）和对襟，领主要分为直领、圆领、竖领（立领）、方领等。袄按长短可分为短袄和长袄两类。常见搭配的下裙有褶裙和马面裙等（图 6-40）。

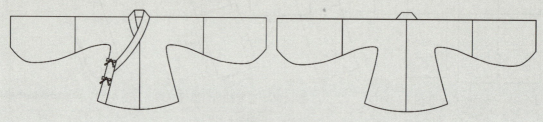

图 6-40 明制交领短袄款式图

明制交领短袄纸样

三、课后闯关

1. 理论练兵

扫描下方二维码，完成测试。

职业资格测试题

2. 技能实战

任务名称	无领中袖女外套		
任务要求：根据给定的款式（图6-41），结合各任务知识和技能的学习，进行任务的探究，独立完成并提交作业			

规格表	单位：cm	
部位	规格	
号型	160/84A	
衣长	56	
胸围	94	
肩宽	38.5	
腰围	78	
臀围	96	
袖长	50	
袖口	30	图 6-41　无领中袖女外套

纸样技术要求：

1. 手工或 CAD 工具完成纸样变化。
2. 纸样符合人体结构和款式特征。
3. 正确使用制图线条与符号，图线清晰、流畅，细节处理得当。
4. 放缝缝边准确，标注用料方向、对位、缩量等必要信息。
5. 裁片名称、数量、规格代号标示清楚

小提示

　　在纸样结构设计中，一定要保持认真、严谨的职业态度，对于结构线类型、制图符号的标识要准确，注意各部位的规格尺寸要准确，一般在样板尺寸进行中反复核验才能进行后续的环节，以及缝份、缝边、关联部位的缝份，需要结合服装材料、制作工艺综合考虑，力求节约、环保，对于服装生产、绿色发展有重要的意义。

无领中袖女外套纸样

四、企业案例

扫描下方二维码，查看女上衣企业案例。

女上衣原型前后片样板

女上衣原型袖和领样板

女上衣净板

女上衣推板

女上衣面料样板

女上衣里料样板

女上衣衬料样板

项目七
女风衣、大衣纸样设计

主要内容

对应服装制版师职业资格中相关部分的知识能力要求，学习女风衣、大衣纸样设计知识，能够识读技术文件进行产品款式分析，完成样板绘制和程序编制。

学习重点

应用原型进行宽松款式加放量设计、廓形设计。

学习难点

1. 袖、领纸样设计，插肩袖纸样设计。

2. 能够正确应用符号和工具，识别款式特征，根据款式图或技术文件进行规格设计、款式变化；能够选用适当的面辅料，表达设计要求和造型特征。

学习目标

1. 了解女风衣、大衣的基本知识，以及结构与人体的对应关系；

2. 识读技术文件中的女风衣、大衣款式的结构特点；

3. 能够运用正确的量体方法进行量体，根据量体数据进行正确的加放，合理制定服装规格；

4. 能够根据款式图和规格表，灵活运用制版原理和结构设计方法进行款式分析与结构变化，完成纸样设计；

5. 能够给纸样合理添加缝份、剪口、扣位、布纹线等标识，完成工业纸样的设计；

6. 在女风衣、大衣纸样设计的过程中，培养认真、严谨的制版习惯，养成良好的职业素养，融入审美意识，植入工匠情怀；

7. 在小组学习过程中，培养合作意识，锻炼创新思维和灵活性，提升综合素质。

女风衣是一种防风雨的薄型大衣，又称风雨衣，是服饰中的代表品种，适合春、秋、冬季外出穿着，近年来比较流行。由于其造型灵活多变、健美潇洒、美观实用、款式新颖、携带方便等，得到不同年龄段女性的喜爱。风衣造型多变、风格迥异，按照其版型特点可分为欧美风、商务风、日韩风、休闲风、通勤风、淑女风等不同的风格。不同的材质、造型、面料可营造出不同的效果。女大衣是穿在一般衣服外面，具有防御风寒功能的外衣，衣摆长度至腰部及以下，一般为长袖，前方可打开并可以纽扣、拉链、魔术毡或腰带束起，兼具保暖和美观功效，包括长短、材质、用途、廓形等不同的类别。

一、女风衣的分类

（1）按长短分，可分为长款女风衣、中长款女风衣和短款女风衣等，如图 7-1 所示。

图 7-1　女风衣按长短分类

（2）按款式细节分：

1）按门襟宽窄和纽扣构成分，可分为宽门襟女风衣和窄门襟女风衣；单排扣女风衣、双排扣女风衣和系带女风衣等，如图 7-2 所示。

图 7-2　女风衣按门襟宽窄、纽扣构成分类

2）按帽子的有无分，可分为有帽子女风衣和无帽子女风衣等。

3）按领型分，可分为立领女风衣、翻领女风衣和驳领女风衣等。

4）按腰带的有无分，可分为有腰带女风衣和无腰带女风衣等。

5）按袖子分，可分为一片袖女风衣、两片袖女风衣和多片袖女风衣等；以及装袖女风衣、插肩袖女风衣和连肩袖女风衣等。

（3）按造型风格分，可分为宽松女风衣、正式女风衣和休闲女风衣等。

二、女风衣的用料

　　风衣的面料种类有很多，全棉面料属于天然纤维，舒适性和透气性好，是风衣的常用面料。混纺面料也是常用的风衣面料，棉与氨纶混纺面料，具有氨纶的显著特征，有一定的弹性，穿着更舒适，束缚感较小；棉＋粘胶纤维的混纺面料手感更柔软、穿着更舒适；棉质面料中混入聚酯纤维，面料更加有光泽感，挺括性好，服装的品质感较好。近年来流行的涂层面料经过特殊处理，将涂层胶粒均匀地涂在布料上，经过烘箱内温度的固着，再在表面均匀地覆盖胶料，从而达到防水、防风、透气等效果。

三、女大衣的分类

　　（1）按长短分，可分为长款女大衣、中长款女大衣和短款女大衣等。
　　（2）按材料分，可分为毛呢女大衣、皮革女大衣、羽绒女大衣和棉女大衣等。
　　（3）按用途分，可分为礼服女大衣、连帽风雪女大衣、两用女大衣等。
　　（4）按廓形分，可分为 H 型女大衣、X 型女大衣、A 型女大衣、T 型女大衣、O 型女大衣等，如图 7-3 所示。

图 7-3　女大衣按廓形分类

　　（5）按款式细节分：
　　1）按领型分，可分为无领女大衣、立领女大衣、翻领女大衣、驳领（平驳领、戗驳领）女大衣和帽领女大衣等，如图 7-4 所示。

图 7-4　女大衣按领型分类

　　2）按袖型分，可分为装袖女大衣、插肩袖女大衣、落肩袖女大衣和连身袖女大衣等，如图 7-5 所示。

图 7-5   女大衣按袖型分类

四、女大衣的面料

毛呢大衣用厚型呢料裁制而成；裘皮大衣用动物毛皮裁制而成；棉大衣用棉布作面、里料，中间絮棉；皮革大衣用皮革裁制；春秋款大衣用贡呢、马裤呢、巧克丁、华达呢等面料裁制；羽绒大衣在两层衣料中间絮羽绒等。

女风衣、大衣概述

任务一   落肩袖翻领女大衣纸样设计

任 务 单

任务名称	落肩袖翻领女大衣纸样设计

任务要求：根据来样资料，应用女装原型进行纸样设计（图 7-6），理解宽松服装的加放、原型的使用方法，内在结构关系，落肩袖的结构设计，袖子与衣身的配合，翻领结构与分领座方法等。以小组为单位，协作探究，启发互助，独立完成并提交作业

规格表	单位：cm
部位	规格
号型	160/84A
衣长	100
肩宽	39
胸围	112
袖长	58
袖口	28
翻领	6
领座	3

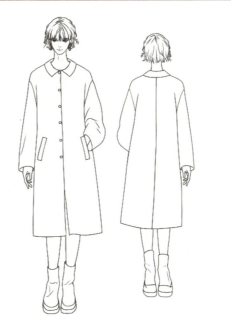

图 7-6   落肩袖翻领女大衣款式图

纸样技术要求：
1. 使用原型，手工或 CAD 工具完成纸样设计。
2. 能正确识别款式特征，纸样符合人体结构和款式要求。
3. 正确使用制图线条与符号，图线清晰、流畅，细节处理得当。
4. 放缝缝边准确，标注用料方向、对位、吃量等必要信息。
5. 裁片名称、数量、规格代号等信息标示清楚

任务实施

1. 款式分析

宽松型落肩袖女大衣，四开身，翻领，单排六粒扣，直下摆，左右各一斜向单嵌线口袋，后中开背缝，袖型为一片袖，如图 7-6 所示。

2. 实施步骤

（1）后片原型上抬 1.5 cm，保持宽松型无省结构前、后片的平衡关系（可使用宽松原型）。

（2）调整领口，加宽、加深前、后领口，作出后领弧线。

（3）作出前衣长，定出前后的下摆线。

（4）后肩省转移，省量分别转到领口、袖窿和肩缝，作为松量。

（5）量肩宽。根据肩宽 /2+ 缩缝量定出后肩端点，由后小肩长定出前肩端点。

（6）作落肩。前片落肩斜度 8∶3，后片落肩斜度 8∶2.5，修顺肩袖弧线，落肩量 8 cm。

（7）作胸围大，胸围规格为 112 cm，与原型相比增量为 20 cm，胸大点前、后片均放出 5 cm，袖窿下落 3 cm，作出侧缝线。

（8）作侧摆大，前片摆出 5.5 cm，后片摆出 4.5 cm。

（9）作袖窿弧线，作出前后片落肩袖窿弧线。

（10）作止口线，搭门宽度为 2.5 cm。

（11）作底摆线，先做起翘，再作后片。

（12）作袋位，根据款式确定前片斜插袋的位置和造型，长 15.5 cm，宽 3.5 cm。

（13）作出翻折线，上端点：领座宽度 -0.5 cm；下端点：根据款式的实际位置。

（14）定扣眼位，六粒扣，间距 10 cm。

（15）作驳领。驳头的高低、宽窄根据款式确定。

（16）分领座。

（17）作袖子。

（18）作出挂面、垫袋、袋爿等其他部件。

3. 实施结果

（1）前、后片的纸样设计如图 7-7 所示。

（2）领片的纸样设计如图 7-8 所示。

（3）一片袖的纸样设计如图 7-9 所示。

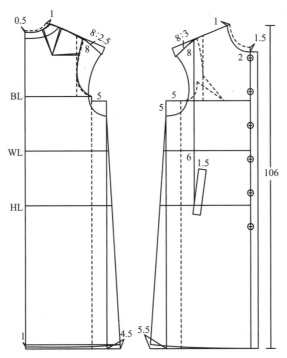

前、后片纸样设计

图 7-7　落肩袖大衣前、后片的纸样设计（单位：cm）

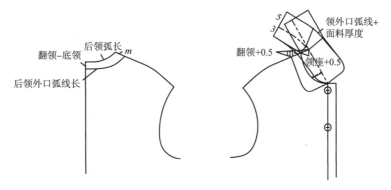

翻领-底领
后领弧长 m
后领外口弧线长

领外口弧线+
面料厚度
翻领+0.5
领座+0.5

图 7-8　领片的纸样设计（单位：cm）

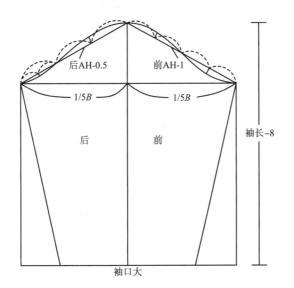

后AH-0.5　　前AH-1
1/5B　　1/5B
后　　前
袖长-8
袖口大

领子、袖子纸样设计

图 7-9　一片袖的纸样设计（单位：cm）

（4）分领座的纸样设计如图 7-10 所示。

（5）挂面的纸样设计如图 7-11 所示。

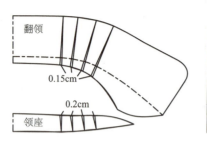

图 7-10　分领座的纸样设计（单位：cm）　　　　　图 7-11　挂面的纸样设计（单位：cm）

4. 实施难点

（1）本款为宽松型大衣，无胸省、腰省，将后衣长上抬 1.5 cm，保持前、后片衣身的平衡。

（2）落肩袖的设计融合造型和功能性设计，线条弯度不能太大，符合人体的肩部结构和服装的造型特征。

（3）落肩结构将肩宽延长 8 cm，袖长规格要减短 8 cm，配合低袖山的袖子，袖山上不能有吃势。

（4）本款通过肩袖互借作出落肩袖造型，对手臂活动有一定影响，需要将袖窿深适当下落，增加袖窿弧线的长度，保持正常的活动量。

（5）翻领领面与领里放缝不同，与领座缝合放缝 0.5 ~ 0.6 cm，便于形状准确和分缝熨烫。

5. 样板制作

落肩袖大衣纸样放缝如图 7-12 所示。

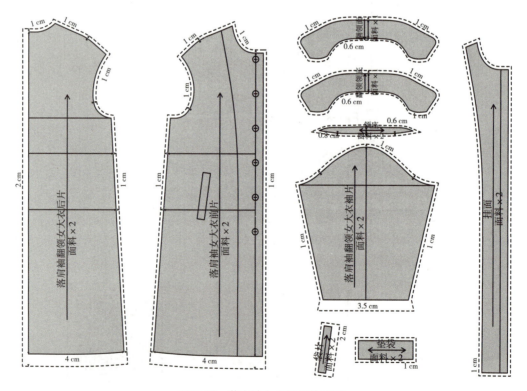

图 7-12　落肩袖大衣纸样放缝图

6.任务评价

	评价项目及要求		任务完成情况记录（学生自评）	存在问题及成绩评定（教师评定）
线迹		线型应用正确，线条流畅，纸面（界面）干净整洁		
		结构线造型准确		
		轮廓线和内部结构线标记清晰、明确		
纸样		各部位规格准确		
		前、后衣身关系配合得当		
		前、后落肩袖造型正确		
		翻领造型准确，分领座方法正确，与领口配置得当		
		袖山与袖窿配置合理，袖型结构合理		
		挂面、袋牙、垫袋等部件齐全，规格正确		
样板		各纸样提取准确		
		各处缝份加放合理		
		样片信息、对位、扣眼等标注齐全		
完成时间			总分	

任务二　青果领双排扣弧形摆女大衣纸样设计

任务单

任务名称	青果领双排扣弧形摆女大衣纸样设计
任务要求：根据给定的款式（图7-13），应用女装原型进行纸样设计，理解弧形摆、双排扣青果领、借缝袋的结构，以小组为单位，协作探究，启发互助，独立完成并提交作业	

规格表	单位：cm
部位	规格
号型	160/84A
衣长	90
肩宽	40
胸围	100
腰围	86
袖长	60
袖口	28
翻领	4
领座	3

图 7-13　青果领双排扣弧形摆女大衣款式图

纸样技术要求：
1. 正确识别款式特征，使用原型，手工或 CAD 工具完成纸样变化。
2. 纸样符合人体结构和款式特征。
3. 正确使用制图线条与符号，图线清晰、流畅，细节处理得当。
4. 放缝缝边准确，标注用料方向、对位等必要信息。
5. 裁片名称、数量、规格代号等信息标示清楚

任务实施

1. 款式分析

秋冬款女大衣，青果领，双排 8 粒扣，前片弧形分割线至袋口，收腰，弧形下摆，后背开背缝，圆装合体两片袖，袖口开袖衩钉 2 粒扣，如图 7-13 所示。

2. 实施步骤

（1）在原型上调整前、后领口，作出领口形状。

（2）处理胸省，一部分转为撇胸，另一部分融入分割缝中。

（3）后肩省转移，省量分别转到领口、袖窿和肩缝。

（4）量肩宽。根据肩宽 /2+ 缩缝量定出后肩端点，由后小肩长定出前肩端点。

（5）作出前衣长，定出前后的下摆线。

（6）作胸围大，胸围规格为 100 cm，与原型相比增量为 16 cm，胸大点前、后片均放出 2 cm。

（7）袖窿下落 2 cm，作出袖窿弧线，注意前胸省要先合并再完成。

（8）计算分配腰省量，前、后、侧缝收进 1 cm，前腰省 1.5 cm，后腰省 2.5 cm。

（9）作出前、后侧缝线，前片加大 6 cm，后片加大 4 cm。

（10）作止口线，搭门宽度为 7 cm。

（11）确定分割线位置，从下摆向上 38 cm，斜度参考款式和下摆。

（12）确定袋位，根据款式确定前片斜插袋的位置和造型。

（13）定扣眼位。

（14）作出青果领的造型。驳头的高低、宽窄根据款式确定。

（15）作袖子，按照两片袖的配袖方法，大衣的袖子吃量一般控制在 3.3 ~ 3.5 cm。

（16）作挂面等其他部件。

3. 实施结果

（1）前、后片和领子的纸样设计如图 7-14 所示。

（2）袖子的纸样设计如图 7-15 所示。

（3）挂面的纸样设计如图 7-16 所示。

4. 实施难点

（1）本款为较合体大衣，胸加放量为 18 cm，原型中已有 10 cm 松量，前、后胸围另加 8 cm，追加量可以前、后片等量或不等量分配。

（2）部分省道转移至撇胸，撇胸是女风衣、大衣中常用的省道形式，一般为 1 cm 左右。

（3）胸围的加放需要袖窿开落一定的量，保持袖子和衣身的结构平衡。

（4）本款中利用分割缝做缝袋，其位置的选择要结合款式特征，长短高低要符合功能要求。

（5）青果领属于连挂面领，配领方法同驳领，连挂面领一般后中连折，制作时先衣身装领，再合挂面。

（6）合体两片袖一般利用前、后衣身线作出一片袖，袖肥、袖山高和袖隆吃量等都符合款式要求后，再转化成两片袖。

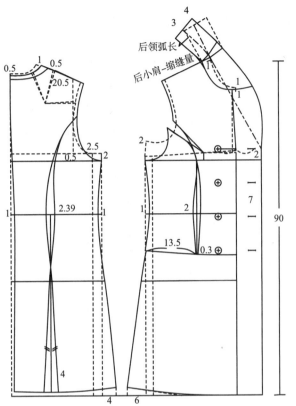

后领弧长

后小肩-缩缝量

衣身纸样设计　分割线、青果领纸样

图 7-14　前、后片和领子的纸样设计（单位：cm）

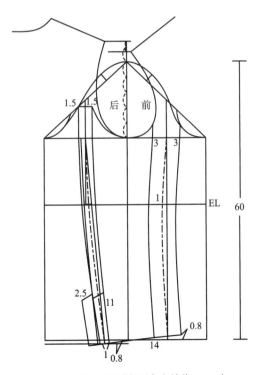

图 7-15　袖子的纸样设计（单位：cm）

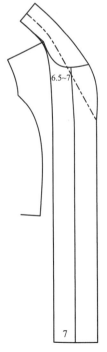

袖子纸样设计

图 7-16　挂面的纸样设计（单位：cm）

5. 样板制作

青果领双排扣弧形摆女大衣纸样放缝如图 7-17 所示。

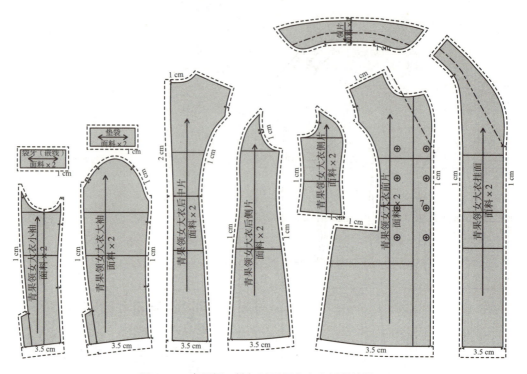

图 7-17　青果领双排扣弧形摆女大衣纸样放缝图

6. 任务评价

	评价项目及要求		任务完成情况记录 （学生自评）	存在问题及成绩评定 （教师评定）
线迹		线型应用正确，线条流畅，纸面（界面）干净整洁		
		结构线造型准确		
		轮廓线和内部结构线标记清晰、明确		
纸样		各部位规格准确		
		前、后衣身关系配合得当		
		前、后落肩袖造型正确		
		翻领造型准确，分领座方法正确，与领口配置得当		
		袖山与袖窿配置合理，袖型结构合理		
		挂面、袋牙、垫袋等部件齐全，规格正确		
样板		各纸样提取准确		
		各处缝份加放合理		
		样片信息、对位、扣眼等标注齐全		
完成时间			总分	

任务三　宽松款插肩袖女风衣纸样设计

任务单

任务名称	宽松款插肩袖女风衣纸样设计

任务要求：根据来样资料，应用女装原型进行纸样设计（图 7-18），理解插肩袖、A 摆及前、后衣身覆势结构，掌握纸样设计的方法和步骤，以小组为单位，协作探究，启发互助，独立完成并提交作业

规格表	单位：cm
部位	规格
号型	160/84A
衣长	130
肩宽	44
胸围	114
袖长	61
袖口	35
领宽	7

图 7-18　宽松款插肩袖女风衣款式图

纸样技术要求：
1. 正确理解款式特征，使用原型，手工或 CAD 工具完成纸样变化。
2. 纸样符合人体结构和款式特征。
3. 正确使用制图线条与符号，图线清晰、流畅，细节处理得当。
4. 放缝缝边准确，标注用料方向、对位等必要信息。
5. 裁片名称、数量、规格代号等信息标示清楚

任务实施

1. 款式分析

宽松型 A 摆长风衣，深 V 领口，斜插袋，腰间、袖口束带，右前片装覆势，后背不对称覆势，如图 7-18 所示。

2. 实施步骤

（1）应用宽松原型，在后中线加宽 0.5 cm，前中线加宽 1 cm。

（2）前胸围加大 2.5 cm，后胸围加大 3.5 cm，袖窿开落 8~9 cm。

（3）前领宽、后领宽加宽 3 cm，作出后领弧线。

（4）从前颈肩点向下量出衣长 130 cm。

（5）按 S/2 规格定后肩端点，根据后小肩长 -0.5 cm 定前肩端点，作出新袖窿弧线（参考）。

（6）前、后下摆加大 12 cm 造型量，可以结合样衣进行修正。

（7）前、后肩端点平移 1 cm，45° 确定袖中线，量出袖长 61 cm。

（8）袖山高 B/10+5 cm，定出袖山深线，袖肥尺寸参考 2B/10+（0 ~ 2）cm，结合款式特征，前袖肥小于后袖肥。

（9）量出袖口大，前片袖口 /2-1=16.5 cm，后片袖口 /2+1=18.5 cm。前袖袖中线偏进 2 cm，后袖袖中线偏出 2 cm。

（10）根据款式造型设计前片的插肩线。

（11）根据款式造型设计后片的插肩线，注意前后插角的大小和形状。

（12）作出前片斜插袋的位置和形状，袋口长 16.5 cm、宽 4 cm。

（13）作出前领口的形状。

（14）作出后覆势的形状，为左右不对称结构。

（15）作出前后覆势的形状，注意前、后覆势侧缝长度相等。

（16）作出腰带位、袖拉带位置。分离前领口，修正前领口的形状。

3. 实施结果

（1）前后片、领口、袋口、袖片形状如图 7-19 所示。

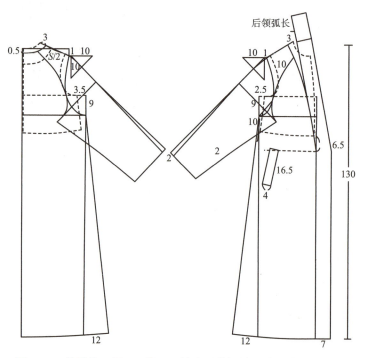

图 7-19　前后片、领口、袋口、袖片形状纸样设计（单位：cm）

（2）前后覆势、腰带、袖拉带纸样设计如图 7-20 所示。

（3）前领口形状纸样设计如图 7-21 所示。

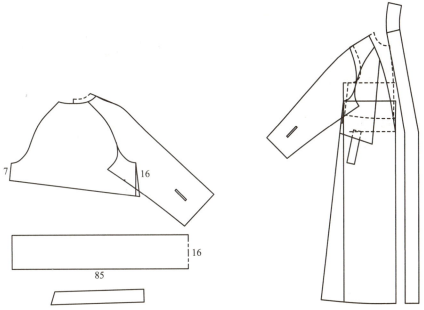

图 7-20 前后覆势、腰带、袖拉带纸样设计（单位：cm） 图 7-21 前领口形状纸样设计

4. 实施难点

（1）风衣使用宽松原型，原型中已经有了一定的放量，在此基础按成品尺寸追加放量。

（2）前、后中线增加一定的量，起到增加领口、肩宽、胸宽和背宽的作用。

（3）插肩袖袖身夹角对整体造型有一定的影响，45°是常规角度，合体的造型一般前夹角大于后夹角。

（4）插肩袖袖山高度、袖肥，以及夹角影响整个插肩袖的造型，需要综合考虑得到最佳造型。

（5）插肩袖的前、后覆势。不同的面料质地，一般根据款式和式样书要求采取不同的工艺。

5. 样板制作

宽松款插肩袖女风衣纸样放缝如图 7-22 所示。

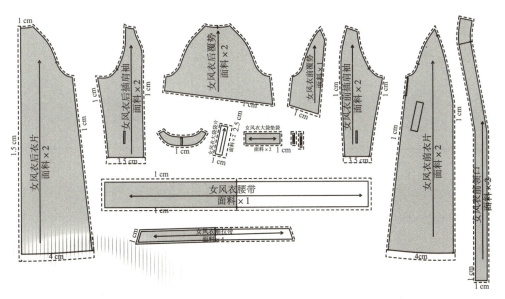

图 7-22 宽松款插肩袖女风衣纸样放缝图

6. 任务评价

	评价项目及要求	任务完成情况记录 （学生自评）	存在问题及成绩评定 （教师评定）
线迹	线型应用正确，线条流畅，纸面（界面）干净整洁		
	结构线造型准确		
	轮廓线和内部结构线标记清晰、明确		
纸样	各部位规格准确		
	腰省量分配合理		
	分割线设计得当，符合款式造型特征		
	连立领、驳领造型准确		
	袖山与袖窿配置合理，袖型结构合理		
	裁片分割、褶裥放量合理		
样板	各纸样提取准确		
	各处缝份加放合理		
	标注样片信息		
	标注对位点		
完成时间		总分	

任务四　双排扣翻立领休闲女风衣纸样设计

任务单

任务名称	双排扣翻立领休闲女风衣纸样设计

任务要求：根据来样资料，应用女装原型进行纸样设计（图 7-23），理解插肩袖、翻立领结构，掌握纸样设计的方法和步骤，以小组为单位，协作探究，启发互助，独立完成并提交作业

规格表	单位：cm
部位	规格
号型	160/84A
衣长	110
肩宽	43
胸围	108
袖长	61
袖口	33
翻领宽	4.5
领座宽	3

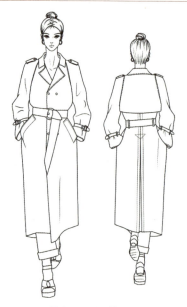

图 7-23　双排扣翻立领休闲女风衣款式图

续表

纸样技术要求：

1. 正确识别款式特征，使用原型，手工或 CAD 工具完成纸样变化。

2. 纸样符合人体结构和款式特征。

3. 正确使用制图线条与符号，图线清晰、流畅，细节处理得当。

4. 放缝缝边准确，标注用料方向、对位等必要信息。

5. 裁片名称、数量、规格代号等信息标示清楚

任务实施

1. 款式分析

休闲长款女风衣，翻立领，双排六粒扣，斜插袋，后片装覆势，后中作褶裥，插肩袖，腰间、袖口束宽带，肩头装肩牌，如图 7-23 所示。

2. 实施步骤

（1）应用宽松原型，在后中线加宽 0.5 cm，前中线加宽 1 cm。

（2）前领宽、后领宽加宽 1.5 cm，前领深加宽 2 cm，作出后领弧线。

（3）从前颈肩点向下量出衣长 126 cm，作出前、后片的下摆线。

（4）按 $S/2$ 量出后肩宽，后小肩长 - 缩缝量定出前片肩端点。

（5）在宽松原型的基础上前胸围加大 2 cm，后胸围加大 3 cm，袖窿开落 5 cm，画出新袖窿弧线。

（6）前、后片底摆加大 8 ~ 10 cm，作出前、后侧缝线。

（7）作出底摆的起翘，后中加入褶裥量。

（8）搭门宽 6 cm，胸围线上 3 cm 定出翻折线位置，依次定出扣位，间距 10 ~ 12 cm。

（9）作驳领，翻领宽 4.5 cm，领座宽 3 cm。

（10）对翻领进行分领座处理。

（11）在前、后片的基础结构上配袖，一片袖袖肥 $2B/10+$（0 ~ 2）cm，定出袖山高，从袖山顶点向下量出袖长 61 cm。

（12）从袖中线分离前、后袖片，在前、后袖山弧线作出前、后袖的对位标记点。

（13）按照插肩袖的纸样设计方法，设计前、后片的插肩袖形状。插肩线的形状按照款式设计。

（14）作出后片的覆势结构。

（15）作出后背的褶裥，根据面料厚度加放 5 ~ 8 cm。

（16）作出肩牌、腰带、袖拉带、挂面、袋牙、垫袋等其他部件。

3. 实施结果

（1）前、后片基本结构如图 7-24 所示。

（2）一片袖基本结构如图 7-25 所示。

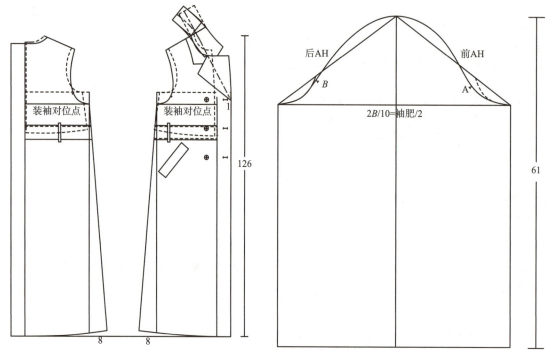

图 7-24　前后片基本结构（单位：cm）　　　图 7-25　一片袖基本结构（单位：cm）

（3）立翻领纸样设计如图 7-26 所示。

（4）立翻领分领座如图 7-27 所示。

（5）前、后袖片与衣身的对位关系如图 7-28 所示。

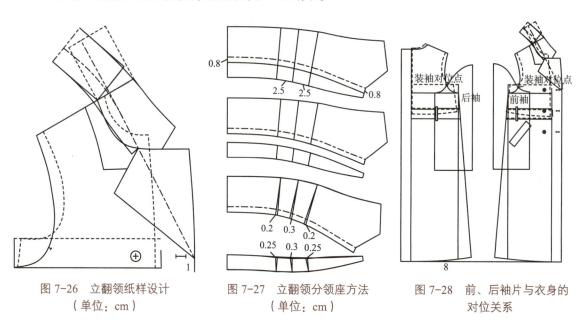

图 7-26　立翻领纸样设计　　　图 7-27　立翻领分领座方法　　　图 7-28　前、后袖片与衣身的
　　　（单位：cm）　　　　　　　　（单位：cm）　　　　　　　　　对位关系

（6）插肩袖纸样设计如图 7-29 所示。

（7）后背的褶裥和覆势纸样设计如图 7-30 所示。

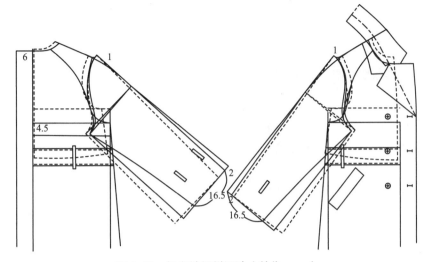

图 7-29　插肩袖纸样设计（单位：cm）

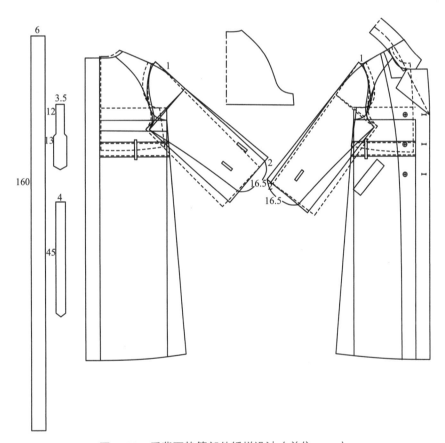

图 7-30　后背覆势等部件纸样设计（单位：cm）

4. 实施难点

（1）使用宽松原型，在此基础上追加放量得到成品尺寸。

（2）应用宽松原型设计插肩袖的方法有多种，利用一片袖和衣身的配合关系，进行纸样的内部变化设计，这有助于理解衣身和袖子的配合关系。方法详见项目六中插肩袖结构设计。

（3）立翻领在基础配领方法中考虑领口上设计立起量，装领后前领座有一定的立起量，一般设计 0.8 ~ 1.5 cm。

（4）本款驳领利用前衣片止口，兼有两用领的功能。

（5）后背褶裥的放量根据不同的面料厚度、质地有所不同，一般 5 ~ 10 cm，为节约面料，可以拼接，设开衩止点，位置在臀围线下，造型美观，便于运动。

5. 样板制作

休闲女风衣纸样放缝如图 7-31 所示。

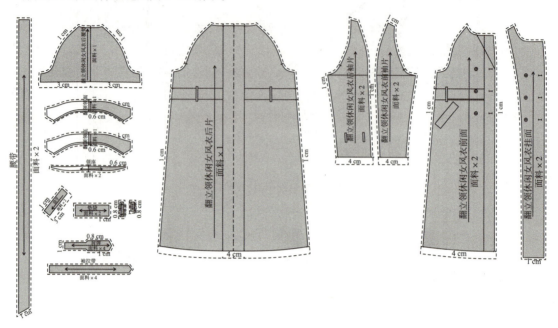

图 7-31　休闲女风衣纸样放缝图

6. 任务评价

评价项目及要求		任务完成情况记录（学生自评）	存在问题及成绩评定（教师评定）
线迹	线型应用正确，线条流畅，纸面（界面）干净整洁		
	结构线造型准确		
	轮廓线和内部结构线标记清晰、明确		
纸样	各部位规格准确		
	袖窿深规格合理，符合款式造型特征		
	立翻领、驳领造型准确，与领口配合得当		
	分领座方法正确		
	插肩袖结构合理，造型符合款式特征		
	搭门、腰带位、肩牌、口袋等部件齐全，规格准确		
	后背褶裥放量合理		
样板	各纸样提取准确		
	各处缝份加放合理		
	标注样片信息		
	标注对位点		
完成时间		总分	

任务拓展

一、休闲落肩袖纸样设计

1. 任务分析

休闲落肩袖是服装中的常见袖型，多用于男装、女装和童装，风衣、大衣、夹克和外套等不同品类也是袖型设计中的难点。通过原型衣身、袖子间的配合关系进行落肩袖设计，造型自如，符合人体结构和运动关系（设定袖长：59 cm，袖口宽：26 cm，袖山高：15.5 cm）。

2. 实施步骤

（1）应用宽松原型，先作前片，反向延长肩线，作出 4∶1.2 的比值，量出袖长 59 cm。

（2）垂直袖长线，袖口大 13 cm。

（3）量出袖山高 15.5 cm，作垂线，画出袖肥线。

（4）肩端点沿袖长 8 cm 作出落肩量及袖中线的垂线。

（5）原型的袖窿下落落肩量的 1/2，与落肩线及袖窿深线的交点连线，作出衣身落肩袖窿的形状，如图 7-32 所示。

（6）作出落肩袖的袖山弧线，与衣身袖窿长度一致，交于袖肥线上。

（7）前袖肥与袖口连线，作出前袖缝线。

（8）落肩袖袖中缩进 0.2 cm，与袖口连线。

（9）修顺肩线和袖身，曲度平缓，如图 7-33 所示。

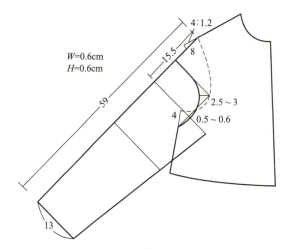 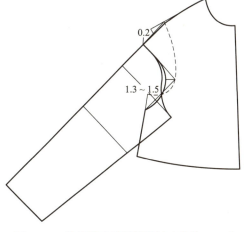

图 7-32　前衣身纸样设计（单位：cm）　　　图 7-33　前片落肩袖纸样设计（单位：cm）

（10）后片的落肩袖设计方法参考前片，依次作出落肩斜度、袖长线、袖口、袖山高、落肩量。

（11）作出后袖片衣身的袖窿形状，如图 7-34 所示。

（12）作出后片落肩袖的袖山弧线，与衣身袖窿长度一致，交于袖肥线上。

（13）后袖肥与袖口连线，作出后袖缝线。

（14）落肩袖袖中缩进 0.2 cm，与袖口连线，修顺肩线和袖身，如图 7-35 所示。

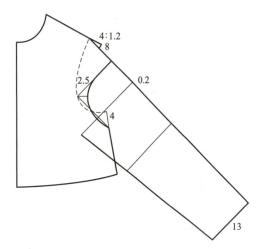

图 7-34　后衣身纸样设计（单位：cm）

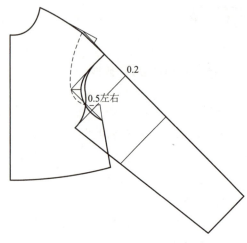

图 7-35　后片落肩袖纸样设计（单位：cm）

（15）前、后片的落肩袖可以合并成一片落肩袖，如图 7-36 所示。

二、连身袖纸样设计

1. 任务分析

连身袖是袖片与衣身连成一体的袖型，其原理和方法与连肩袖方法相同，设定规格：袖长：59 cm，袖口：27 cm。

2. 实施步骤

（1）应用宽松原型和袖片，袖片的袖口中线向前 2 cm，分离前、后袖缝，画顺袖中线，如图 7-37 所示。

（2）前、后片延长肩线，作出 4 : 0.6 的比值，量出袖长 59 cm，袖口大 13.5 cm。

（3）侧腰向上 6 cm，袖肘线向上 7 cm，两点连线。

（4）前片取连线的 1/2 向里凹进 1 cm，从袖口至侧缝经腋下弧线点画顺连接弧线。

图 7-36　一片落肩袖纸样

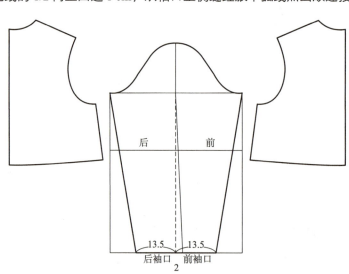

图 7-37　准备衣身和袖子原型（单位：cm）

（5）后片取连线的1/3作为辅助点，从袖口至侧缝经腋下弧线点画顺连接弧线，如图7-38所示。

（6）前片外袖缝拔开0.4 cm，袖底拔开0.5 cm，内袖缝拔开0.5 cm，袖肘处后片外袖缝展开0.6 cm，内袖缝处收省0.6 cm，如图7-39所示。

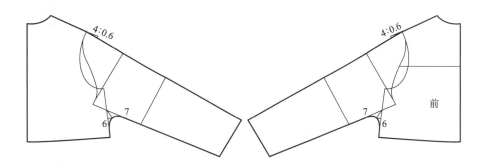

图7-38 连身袖衣身和袖片的配合关系（单位：cm）

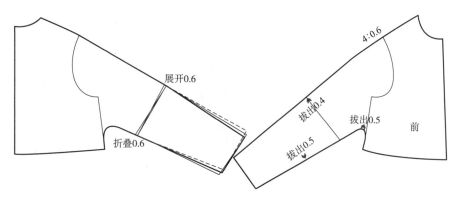

图7-39 连身袖前后片的纸样处理（单位：cm）

能量加油站

一、行业透视

扫描二维码，了解我国服装行业的绿色发展知识，开拓视野，增加专业积累，增强绿色发展意识，保护环境，低碳发展，树立节约意识。

问题1：未来服装行业的发展状态是什么？

问题2：作为服装从业者，我们怎样做才能助力行业的绿色发展，贡献自己的力量？

了解服装行业的
绿色环保

二、华服课堂

深衣是指我国古代上衣和下裳缀连在一起的服装。《礼记》记载："所以称深衣者，以余服则，上衣下裳不相连，此深衣衣裳相连，被体深邃，故谓之深衣。"早期的深衣为曲裾、续衽钩边，两端不开衩，衣襟长，在前面交叉后要绕到身后，形成三角形，再用带子系起来，能够将身体包裹得非常严密。随着内穿衣物的逐渐完善，曲裾深衣慢慢退出历史舞台，取而代之的是直裾深衣的流行，也是后期袍衫的前身（图7-40）。

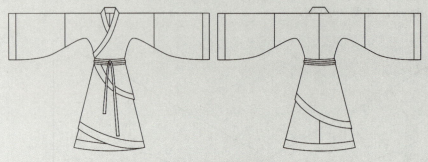

曲裾深衣纸样设计 1

曲裾深衣纸样设计 2

图 7-40　曲裾深衣款式图

三、课后闯关

1. 理论练兵
扫描下方二维码，完成测试。

职业资格测试题

曲裾深衣纸样设计 3

2. 技能实战

任务名称	插肩袖 A 摆女大衣	
任务要求：根据给定的款式（图 7-41），结合各任务知识和技能的学习，进行任务的探究，独立完成并提交作业		

规格表	单位：cm	
部位	规格	
号型	160/84A	
衣长	126	
胸围	100	
肩宽	39	
袖长	59	
袖口	29	

图 7-41　插肩袖 A 摆女大衣款式图

续表

纸样技术要求：

1. 手工或 CAD 工具完成纸样变化。

2. 纸样符合人体结构和款式特征。

3. 正确使用制图线条与符号，图线清晰、流畅，细节处理得当。

4. 放缝缝边准确，标注用料方向、对位、缩量等必要信息。

5. 裁片名称、数量、规格代号标示清楚

插肩袖 A 摆女大
衣纸样设计

小提示

　　在纸样结构设计中，款式分析是第一步，在练习时需要长期大量的训练，实践技能的提升来自大量的实践训练，特别是流行的款式，很多款式在网上没有完整的正、反面款式图，那就需要结合自己的审美和款式理解能力分析出全面的结构款式特征，结合样衣制作，能够更好把握服装结构和人体的关系，提高服装材料的应用能力和服装工艺制作能力。服装是一门关联性很强的"技术＋艺术"的学科，作为版师、样衣师等都需要大量训练，学习时一定要保持认真、严谨的职业态度，注意把握工作中的每一个细节，树立质量意识和精品观念。

四、企业案例

扫描下方二维码，查看女双面绒大衣企业案例。

双面羊绒女大衣原型
袖和领样板

双面羊绒女大衣
推板

双面羊绒女大衣
净板

双面羊绒女大衣原型
前后片样板

双面羊绒女大衣面
料、衬料样板

项目八
女装制作工艺

主要内容

对应中级服装制作工、裁剪工职业资格中工艺要求，主要学习女半裙、女裤、女西服排料裁剪知识，识别并正确应用面辅料、成衣制作方法，能够识读技术文件进行工序组织，完成成衣制作。

学习重点

成衣部件制作方法及工序组织。

学习难点

开袋、装腰、装袖、装领。

学习目标

1. 了解女装（西服裙、西裤、西服）工艺流程和质量要求；

2. 掌握排料、裁剪、粘衬、熨烫的要求和方法；

3. 掌握做开衩、装拉链、开袋、做装腰、做装领、做装袖等部件的方法；

4. 能够根据工艺技术文件和款式要求，进行排料、划样和裁剪；

5. 能够按照工艺流程进行服装成衣的组合；

6. 能够按照成衣质量标准进行成衣质量的判定，并进行弊病修改；

7. 在制作过程中，培养一丝不苟、严谨认真的习惯，树立精品意识，养成良好的职业素养，植入工匠情怀；

8. 在学习过程中，培养合作意识，锻炼创新思维和灵活性，具备举一反三的能力，提升综合素质。

任务一   西服裙制作工艺

任务单

任务名称	西服裙制作工艺

任务要求：根据给定的款式（图8-1）和工艺参数、工艺标准，完成西服裙的制作工艺，要求掌握铺料、排料、划样、裁剪等相关知识，具备操作技能，熟练掌握方法和技巧；掌握相关部件制作方法、加工顺序、质量标准、工艺加工名词和术语、整理整烫方法及操作技巧等，并反复训练，理解裁片的配置组合关系，掌握制作方法和要领，能够灵活应用、举一反三

规格尺寸表	单位：cm	
部位	规格	公差 /cm
号型	160/84A	
裙长	60	± 0.6
腰围	70	± 0.6
臀围	96	± 0.6
腰头宽	3.5	0
后衩宽	4	0

款式说明：装腰头，前、后腰左右收两个省，后中缝上端开门处装拉链，后中缝下部开衩，装夹里

图 8-1   西服裙款式图

工艺要求：

1. 面料裁剪前检查色差和疵点，经预缩处理。
2. 成品符合规格尺寸，误差不超过公差范围。
3. 粘衬部位：腰头、底摆折边、开衩位、拉链位。
4. 针号 9#，针迹密度 14 针 /3 cm，手针 0.5 cm/ 针，码边线 15 针 /3 cm。
5. 缝份 1 cm，底摆 4 cm。
6. 腰头卡明线，注意明线顺直、宽窄一致，平服、不起涟。
7. 后中裙衩右搭左（15 cm×4 cm）。
8. 后中装拉链，腰头挂钩连接。
9. 底摆三角针固定，夹里 1 cm 3 折。
10. 面料、夹里松紧一致，外观平服、美观

任务实施

一、西服裙制作前准备

（一）排料图（面料）

西服裙排料图如图 8-2 所示。

（二）用料计算

面料幅宽为 144 cm，采用双幅排料。由于腰头的裁剪方法不同，因此有两种用料计算方法。

（1）腰头完整地裁剪，用料长度为腰围 +5 cm。如果臀围大于 116 cm，则用料长度为裙长 ×2+10 cm。

（2）腰头断开裁剪（断点可放于与侧缝相对处），则用料长度为裙长 +5 cm。

（三）用料准备

（1）面料：前裙片 1 片，后裙片 2 片，腰头 1 片。

（2）里料：前裙片 1 片，后裙片 2 片。

（3）衬料：腰衬 1 片，有纺衬、无纺衬若干。

（4）辅料：拉链 1 根，挂钩一副。

（四）做缝制标记

以下部位打剪口或打线钉：省位、侧缝线、下摆贴边、后中线、拉链位、后衩位、装腰对刀位。

有些需做缝制标记的部位正好处在缝份的位置，就可以在缝份上相应的地方打剪口，剪口的深度为 0.3 ~ 0.4 cm。打线钉做标记的方法适用范围很广，但操作较麻烦。打线钉时需注意：

（1）视面料的厚薄采用不同的打法，厚面料常采用双线单打法，而薄面料常采用单线双打法。

（2）打线钉时通常在直线部位可较稀疏，在曲线、弧度大的部位可适当减小针距，紧密一些。

（五）粘衬

如图 8-3 所示，粘有纺衬的部位有前、后片的下摆贴边，后片的开衩部位；粘无纺衬的部位有后片的上拉链部位；粘腰衬的部位有腰头。

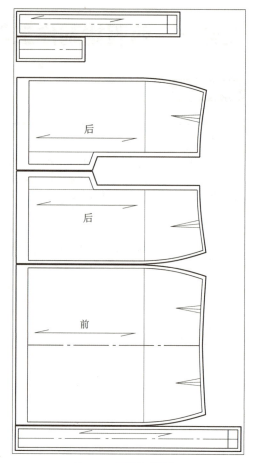

图 8-2 西服裙排料图

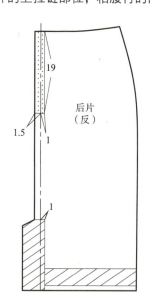
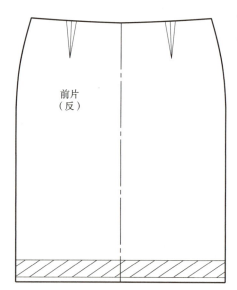
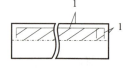

图 8-3 粘衬部位图（单位：cm）

二、工艺分析及质量要求

　　工序是服装生产加工中最小的单元，工艺流程按照不同工序的先后关系进行统筹规划，其组织安排对于服装生产至关重要，能有效地提高人、机、物三方配置，最大限度地提高生产率和产能。一般来说，工序组织时按照先部件再合片、先局部再整体的顺序进行。在工业化生产中，还需要结合企业的设备、生产条件和工人的技术水平、交期等因素综合考虑。服装教学中受实训场所和操作条件限制，与企业的生产有所区别，不同的制作工艺要结合人员、设备和场地等资源综合考虑。

（一）制作前准备

1. 裁剪

按排料要求裁剪面料、里料，注意用料方向和面料的正反面，做好对位标记，并妥善保管好裁片。

质量要求：缝份、缝边准确，缝份均匀，剪口缝份 0.3 cm，不得遗漏。

2. 粘衬

粘衬位置有腰头、拉链位、底摆、开衩，可用粘合机也可手工熨烫，粘合机烫衬根据面料选用相关参数。

质量要求：烫衬粘实、粘牢，不起泡，不变形，分清正反面，粘衬不能超出缝份。

西服裙制作前准备

3. 拷边

面料拷边应在正面进行，里料不拷。

质量要求：缝份均匀，宽窄一致，线迹整齐美观，松紧适宜，分清底面。

（二）收省、烫省

（1）收省：按照剪口及对位记号从省根缉缝到省尖，起始省根位置打倒回针，缝至省尖空跑几针，形成上下线交织状态，如图 8-4 所示。

（2）烫省：省缝向侧缝方向烫倒，省尖处围绕省尖横向来回熨烫。

质量要求：

收省

（1）收省位置、尺寸准确，省道宽窄、高低一致，车缝线迹均匀，尾端留 2 ~ 3 cm 的线尾。

（2）省缝烫薄、烫平，正面不能有眼皮，省尖下端部位烫圆，使之略有胖势，符合人体结构，如图 8-5 所示。

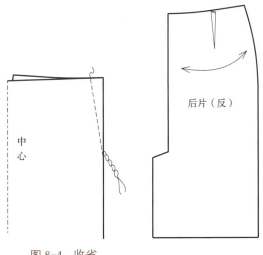

图 8-4　收省

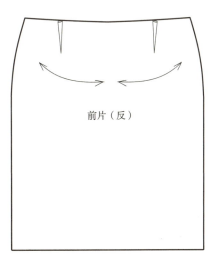

图 8-5　烫省

（三）作后开衩

1. 合后中缝

（1）合缝：左、右后片正面相对，留出上开口拉链位，从上向下缉至开衩高度的位置，起止打倒回针，后片夹里运用同样的方法缉合后中缝，如图8-6所示。

（2）烫中缝：将缝份劈开烫平，右后片中缝下端缝份开剪口，缝份倒向左后片熨烫。

质量要求：面料、夹里止点位置一致，缝份宽窄一致，缝份平整、服帖。

2. 开剪口

（1）夹里后中缝拉链止点，两层里料沿斜向下45°方向同时打剪口，剪口超过缉线0.5 cm。

（2）左后片夹里的开衩拐角部位打一个剪口，长度为1 cm，如图8-7所示。

质量要求：

（1）夹里开剪口位置准确。

（2）开衩夹里左片下摆开剪口位置准确，与面料开衩止点同一位置。

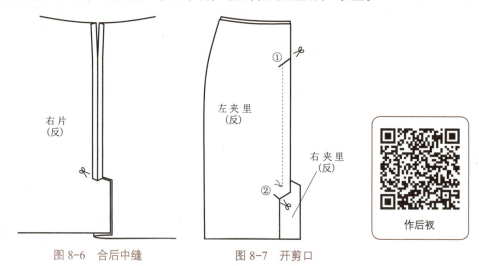

图8-6　合后中缝　　　　图8-7　开剪口

3. 做里襟

（1）沿净线折转右片夹里（里襟一侧）的下摆缝份，把其边缘折进0.5 cm不露毛边。

（2）把右片夹里置于右裙片裙身与下摆贴边之间，沿里襟缝份缉合。

（3）翻烫里襟，如图8-8所示。

质量要求：

（1）右片比左片虚出0.2 cm；

（2）里襟直角翻足、整烫平整。

4. 做衩角

（1）左后片开衩与下摆交点 P 画45°底角线，留1 cm缝份，其余剪掉。

（2）把反面朝外，过 P 点将左片斜向折叠，底角线对正缉线，两端打倒针缉牢。

（3）缝份分缝烫平，翻正翻足衩角，如图8-9所示。

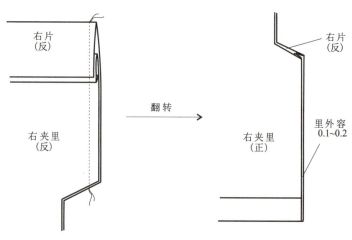

图8-8　做里襟（单位：cm）

质量要求：

（1）衩角位置准确，底摆、衩宽平整、服帖。

（2）衩角平整、服帖，不豁、不搅。

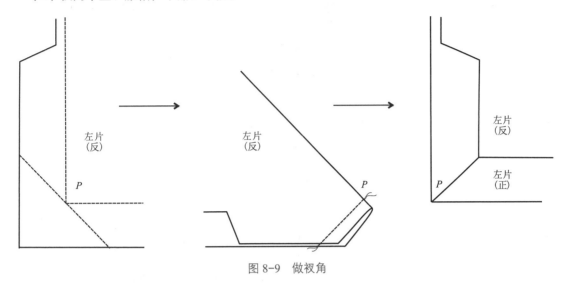

图 8-9　做衩角

5. 装门襟

（1）把左裙片与左片夹里的下摆贴边都沿净线折转。

（2）沿门襟缝份缉合，再翻转烫平整，如图 8-10 所示。

质量要求：

（1）门、里襟搭叠平服，长度保持一致。

（2）开衩面料、夹里松紧适宜。

6. 封后衩

（1）夹里门襟上端的份向内折边，里襟上端所有的缝份都插入其下面。

（2）0.1 cm 明线缝合，两端打倒针加固，缝合时切不可将左裙片带入，如图 8-11 所示。

质量要求：

（1）开衩平服不暴口。

（2）裙衩尺寸准确。

（3）门襟、里襟服帖，宽窄一致。

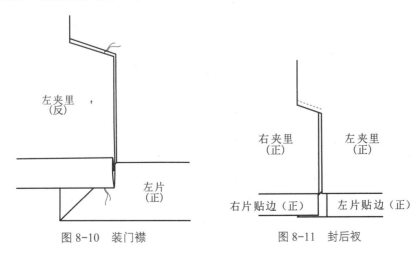

图 8-10　装门襟　　　　　图 8-11　封后衩

（四）装拉链

1. 夹里装拉链

（1）夹里与拉链正面朝上，开始打倒针加固，沿拉链边以缝份 0.5 cm 缉缝。

（2）缝至拉链底点 A 时停住，机针不抬起，45° 打剪口。缝料旋转 180°，缝至另一侧拉链底 B 点，机针仍保留在缝料中，旋转缝料 180°，缝至拉链头另一端，以倒针结束，如图 8-12 所示。

（3）翻至夹里正面，缝合之后的线迹呈 U 形，如图 8-13 所示。

质量要求：

（1）夹里与拉链固定位置、缝份准确。

（2）拉链位于夹里中间位置，不偏不斜。

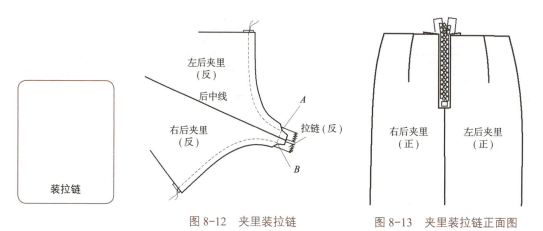

图 8-12 夹里装拉链　　　　　图 8-13 夹里装拉链正面图

2. 裙片面装拉链

（1）裙片开口处左后片按净份扣烫 1.5 cm，右后片烫 1.2 cm。

（2）拉链与右后片开口用 0.1 cm 明线缉缝。

（3）1 ～ 1.2 cm 明线将左后片与拉链固定，开口止点处封结，如图 8-14 所示。

质量要求：

（1）拉链拉合后，两裙片对合整齐，或略有搭叠。

（2）面料完全遮盖拉链牙。

（3）缉线平行、均匀。

（4）拉链、面料、夹里松紧适宜，拉链顺滑流畅。

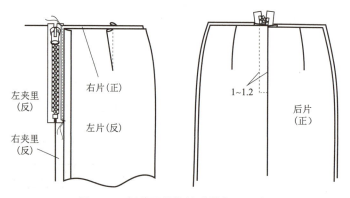

图 8-14 裙片面装拉链（单位：cm）

（五）合侧缝

1. 合面布侧缝

（1）前、后裙片侧缝按缝份缉合。

（2）侧缝缝份劈缝熨烫。

（3）将裙片的下摆贴边折净扣烫。

质量要求：前后长短一致不驳线，缝份均匀平整。

2. 合夹里侧缝

（1）缉缝裙片夹里的侧缝，缝份 0.8 cm。

（2）裙片夹里的缝份倒向后片，留出 0.2 cm 的松量熨烫。

质量要求：缝份倒向后片，缝份均匀，留出眼皮量。

（六）做下摆

（1）扣烫下摆：沿底摆净线折转至裙片贴边反面。

（2）折缝夹里下摆：

1）扣折夹里的下摆贴边。

2）在夹里反面，沿扣折边缉 0.1 cm 明线，起止点的位置在开衩处。

质量要求：底摆扣烫平服，宽窄一致，夹里下摆比裙片下摆边缘短 2 cm。

（七）做腰、装腰

1. 扣腰头

（1）腰面的缝份折净扣烫。

（2）用腰里的缝份包转腰面，扣烫，如图 8-15 所示。

质量要求：

（1）腰面宽窄一致。

（2）腰里虚出腰面缝份 0.1 cm。

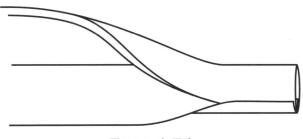

图 8-15　扣腰头

2. 缉腰里

（1）裙片面层与夹里的腰口车缝固定。

（2）在面层省道的对应位置，把夹里腰口多余的量以折裥的形式作出。

质量要求：

（1）夹里收折裥后侧缝与面层侧缝对正，不可错位。

（2）固定线落位在腰口缝份上，不可超出。

3. 缉腰面

（1）腰面和裙片腰口正面相对，里襟处腰头留出 3 cm 装腰。

（2）里襟对齐对位标记，按 1 cm 缝份缉线，如图 8-16 所示。

质量要求：

（1）对位点位置准确。

（2）省缝、侧缝缝份、夹里褶裥不牵拉变形。

4. 封腰头

腰头搭门一侧缝合为筒形，另一侧直接缝合即可，完成后翻烫腰头，如图 8-17 所示。

质量要求：

（1）腰头上顶角要翻足、方正。

（2）腰头两端里外容要合理，不可反吐。

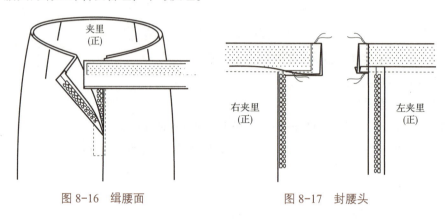

图 8-16　缉腰面　　　　　　　图 8-17　封腰头

5. 灌腰里

将腰头正面向上，以灌缝方法定腰里。

质量要求：左右高低一致，缝份均匀、准确，裙腰平服，宽度一致。

（八）整理，整烫

（1）锁钉：整理位置准确，不能暴口。

（2）手针：裙下摆针脚工整平服，符合工艺技术要求，不松不紧，正面不露针眼。

（3）整烫：缝份均匀，针距 0.4 ~ 0.5 cm，缝线松紧适宜，面里平服不起皱。

三、西服裙质量标准

本书使用的质量标准引自《连衣裙、套裙》（FZ/T 81004—2022）中的质量规格要求。

（一）规格标准及规格测量

（1）裙长：误差不超过 1.5 cm，测量时由腰上口沿侧缝摊平垂直量到裙子底边。

（2）腰围：误差不超过 1 cm，测量时扣上裙扣（挂钩），沿腰头宽中间横量。

（3）臀围：误差不超过 2 cm，测量时由臀部摊平横量（周围计算）。

（二）对条、对格要求（面料明显的条格，在 1.0 cm 以上适用）（表 8-1）

表 8-1　对条、对格规定（注：特别款式的不在此范围内）　　　　　单位：cm

序号	部位名称	对条、对格规定
1	左右前身	条料顺直、格料对横，互差 ≤ 0.3 cm（如果格子大小不一，以裙长的 1/2 以上部分为主）
2	裙侧缝	条料顺直、格料对横，互差 ≤ 0.3 cm
3	袋盖与大身	条格对条、格料对横，互差 ≤ 0.2 cm

（三）缝制规定

（1）各部位缝制线路顺直、整齐、平服、牢固。

（2）上下线松紧适宜，无跳线、断线。起止有倒回针。

（3）商标、号型标志、成分标齐全，内容清晰、准确。

（4）扣子与眼对位、整齐牢固，纽脚高低适宜、线结不外露。

（5）各部位缝纫线迹 30 cm 内不得有两处单跳针和连续跳针，链式线迹不允许跳针。

（6）装饰物（绣花、镶嵌等）牢固、平服。

（四）整烫规定

（1）各部位熨烫平服、整洁，无烫黄、水渍和极光。

（2）粘粘合衬的部位不允许有脱胶、渗胶和起皱。

四、任务评价

评价项目及要求		任务完成情况记录（学生自评）	存在问题及成绩评定（教师评定）
规格	裙长规格公差在 ±1.5 cm 内		
	腰围规格公差在 ±1 cm 内		
	臀围规格公差在 ±2 cm 内		
工艺要求	各部位缝制线迹顺直、整齐、平服、牢固		
	底、面线松紧适宜，无跳线、断线，起止倒回针缉牢		
	前、后片左右省道位置高低、宽窄一致		
	裙身、夹里松紧适宜		
	拉链松紧适宜		
	后开衩平服顺直		
	装腰平服不起涟，扣子与眼对位、整齐牢固		
熨烫、整理	裙身整洁，无线毛		
	底摆手针牢固，松紧适宜，正面不透线迹		
	粘粘合衬的部位不允许有脱胶、渗胶和起皱		
	各部位熨烫平服、整洁，无烫黄、水渍和极光		
其他	节约面料，有效利用服装材料		
	安全生产，规范操作意识		
	一丝不苟完成不同工序		
完成时间		总分	

任务二　女西裤制作工艺

任务单

任务名称	女西裤制作工艺

　　任务要求：根据给定的款式（图 8-18）和工艺参数、工艺标准，完成女西裤的制作工艺，要求掌握铺料、排料、划样、裁剪等相关知识，具备操作技能，熟练掌握方法和技巧；掌握相关部件制作方法、加工顺序、质量标准、工艺加工名词和术语、整理整烫方法及操作技巧等，并反复训练，理解裁片的配置组合关系，掌握制作方法和要领并能够灵活应用

规格尺寸表	单位：cm	
部位	规格	公差
号型	160/84A	
裤长	100	±1
腰围	70	±0.6
臀围	96	±0.6
脚口	38	±0.5
腰头宽	3.5	0

款式说明：装腰头，前腰部有 1 个省，装斜插袋，前开门，门襟装拉链；后片左右各收省 2 个，并装双嵌线挖袋；腰头两片直腰，6 根串带袢，直筒，平脚口

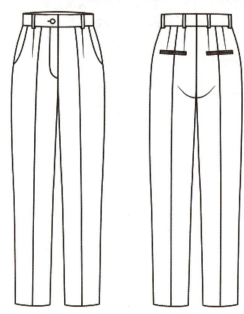

图 8-18　女西裤款式图

工艺要求：

1. 面料裁剪前检查色差和疵点，经预缩处理。

2. 成品符合规格尺寸，误差不超过公差范围。

3. 粘衬部位：腰头、底摆折边、后袋位、门襟、里襟等（跟面料有关）。

4. 针号 9#，针迹密度 14 针 /3 cm，手针 0.5 cm/ 针，码边线 15 针 /3 cm。

5. 缝份 1 cm，底摆 4 cm。

6. 斜插袋袋长 15.5 cm，后袋长 13.5 cm，牙宽 0.5 cm。

7. 挂膝周前片一起拷边。

8. 腰头卡明线，注意明线顺直、宽窄一致，平服，不起涟。

9. 脚口三角针固定（可用缲缝机）。

10. 腰头锁 2.1 cm 的凤尾眼，夹心线（可手工锁眼）

任务实施

一、女西裤制作前准备

（一）女西裤纸样图（图 8-19）

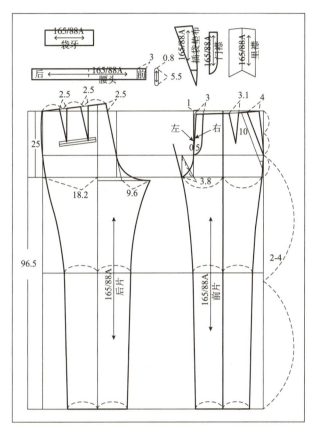

图 8-19　女西裤纸样图

（二）女西裤纸样排料图（图 8-20）

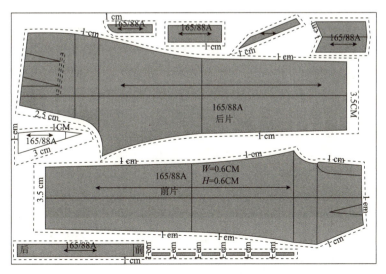

图 8-20　女西裤排料图

（三）用料计算

面料幅宽为 144 cm，采用双幅排料，用料长度为裤长 +10 cm，成品臀围如果超过 116 cm，每大 3 cm 另加 3 cm。

（四）用料准备

（1）面料：前裤片 2 片，后裤片 2 片，门襟 1 片，里襟 1 片，腰头 1 片（可拼接），斜插袋垫带、袋口贴各 2 片，后袋袋牙、垫袋布各 2 片，裤带袢 6 根。

（2）里料：挂膝绸 2 片。

（3）其他材料：17 cm 细齿拉链 1 条，有纺衬（腰头面、里），无纺衬（用于袋口牵条、门襟、里襟、袋口等），口袋布 50 cm，裤钩 1 副，直径 1.5 cm 的纽扣 2 颗，面料对色线 1 轴及缝纫工具，另腰头可采用腰衬。

（五）做缝制标记

以下部位打剪口或打线钉：

（1）前裤片：裤中线、省位、袋口位、中裆线、臀围线、脚口线。

（2）后裤片：省位线、袋位线、裤中线、中裆线、臀围线、脚口线、后裆缝线。

（3）垫袋布（斜插袋、后袋）：袋位线。

（4）布（斜插袋、后袋）：袋位线。

（5）腰头：侧缝位、前省中位、后省中位。

（六）粘衬

如图 8-21 所示，腰头面粘净腰衬，其余均为无纺衬，门襟面衬料用直纱，里襟、腰头里用衬采用斜丝方向，粘无纺衬的部位有后片的上拉链部位；插袋处粘 1 cm 宽直牵带。将衬放到正确位置，用熨斗粘实，也可用粘合机完成。

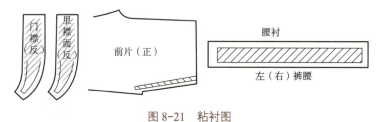

图 8-21　粘衬图

二、工艺分析及质量要求

（一）制作前准备

1. 裁剪

按排料要求，根据排料图裁剪面料、里料，工厂生产中通常采用套排，节约用料，高效、环保。根据作业指示书要求，注意用料方向，区分面料的正反面，裁剪中缝份、缝边准确，做好对位标记，妥善保管好裁片。

质量要求：

（1）缝份、缝边准确。

（2）缝份均匀。

制作前准备

（3）标记清楚无遗漏，剪口缝份 0.3 cm。

2. 粘衬

位置有腰头、门里襟、插袋袋位、后袋位等。

质量要求：烫衬粘实、粘牢，不起泡，不变形，分清正反面，粘衬不能超出缝份。

3. 拷边

（1）面料拷边，在正面进行，除腰头面其余三周。

（2）前片先不拷边，同挂膝绸一起拷边。

（3）斜插袋袋口贴、后袋垫袋、袋牙、门襟拷弧线侧、里襟拷直线侧。

质量要求：

（1）拷边线迹整齐美观，松紧适宜。

（2）分清底面。

（3）分清门襟的正反面。

（二）做前省

1. 收省

（1）照剪口及对位记号从省根缉缝到省尖。

（2）起始省根位置打倒回针，缝至省尖空跑几针，如图 8-22 所示。

质量要求：

（1）位置、尺寸准确。

（2）省道宽窄、高低一致，左右对称。

（3）车缝线迹均匀，尾端留 2 ~ 3 cm 的线尾。

2. 烫省

（1）省缝向前中方向烫倒。

（2）省尖处围绕省尖横向来回熨烫，如图 8-23 所示。

质量要求：

（1）省缝烫薄、烫平，正面不能有眼皮。

（2）省尖下端部位烫圆、烫足，不能有酒窝。

收前省，做斜插袋

（三）做斜插袋

1. 缉袋贴

（1）裤片、上层袋布正面相对，袋贴沿边对齐，三层一起缉缝固定，如图 8-24 所示。

（2）开剪口，袋口止点开 0.9 cm 剪口。

（3）袋布、袋口贴翻至反面熨烫，先劈缝再倒缝烫平。

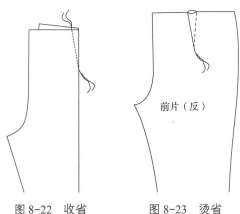

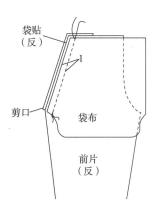

图 8-22　收省　　　　图 8-23　烫省　　　图 8-24　缉袋贴（单位：cm）

质量要求：

（1）缉线顺直，平服工整。

（2）翻烫均匀平顺。

（3）保持袋口顺直。

2. 绱垫袋布

（1）按袋位将垫袋布固定在下层袋布上。

（2）袋贴止口固定在上层袋布上，如图8-25所示。

质量要求：

（1）袋口贴与垫袋折入缝份均匀，线迹平整。

（2）袋布上下位置准确，不偏移和歪斜。

3. 做袋布

（1）上下层袋布反面相关相对，沿边缉合缝0.5 cm，如图8-26（a）所示。

（2）净袋布缝份至0.2 cm。

（3）翻烫袋布平整美观。

（4）袋布明缉止口0.5 cm，如图8-26（b）所示。

质量要求：

（1）袋布底边圆顺，线迹顺直。

（2）左右口袋位置、高低宽窄一致。

（3）裤片、袋布平服工整。

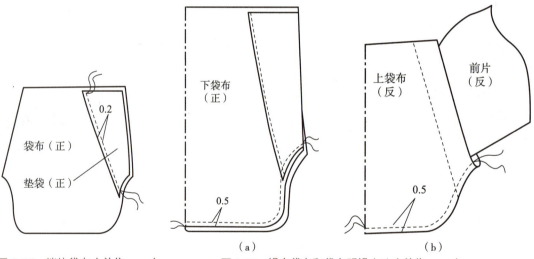

图8-25 绱垫袋布（单位：cm）　　　　图8-26 缉合袋布和袋布明缉止口（单位：cm）

（a）缉合袋布；（b）袋布明缉止口

4. 封袋口

（1）固定袋口位。

（2）0.5 cm缝份固定前腰头、袋布，如图8-27所示。

质量要求：

（1）袋口两端对齐垫袋上的剪口位，缝边线固定，位置准确。

（2）缝份平服，线迹工整。

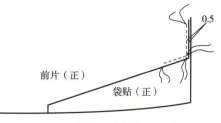

图8-27 封袋口（单位：cm）

5. 装挂膝绸

（1）固定挂膝绸，对齐腰头，将挂膝绸与裤前片沿边对齐缉缝，如图 8-28（a）所示。

（2）挂膝绸腰间省位打活褶。

（3）拷边（腰头不拷），如图 8-28（b）所示。

质量要求：

（1）前片、挂膝绸松紧适宜。

（2）拷边线迹整齐、美观，宽窄一致。

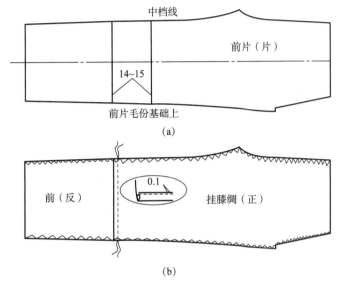

图 8-28　装挂膝绸（单位：cm）

6. 烫裤中线

对齐侧缝和内侧缝，熨烫裤中线要求裤中线挺拔顺直，左右片一致。

（四）收后省，作后袋

1. 收后省

（1）标记省尖、袋口端点。

（2）收后省。

（3）烫后省。

（4）袋口位粘衬，袋口长 +4 cm、宽 +4 cm 反面粘衬，正面画袋位。

收省，作后袋

质量要求：

（1）省位、袋位与样板一致，左右完全对称。

（2）缉线顺直。

（3）熨烫到位，不出现酒窝、眼皮，如图 8-29 所示。

2. 绱袋牙（双嵌线）

沿袋牙止口扣烫 1 cm、2 cm、3 cm，将袋牙扣烫完毕。将袋布置于后裤片下方，在裤片正面绱袋牙，两线之间宽度为 1 cm，起止与袋位线看齐，回针打牢，如图 8-30 所示。

质量要求：

（1）位置准确，宽度符合要求。

（2）上下宽窄一致，线迹两端倒针回牢。

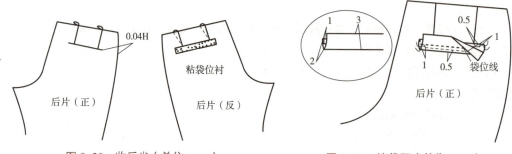

图 8-29　收后省（单位：cm）　　　　　图 8-30　绱袋牙（单位：cm）

3. 开三角

检查固定袋牙的缝线，并进行修正。如图 8-31 所示，沿袋位线在两道缉线间居中开剪，距线端 1 cm 剪三角形，剪至线根但不剪断，留出 0.1 cm。用熨斗熨烫袋口平服，掀开裤片，固定三角，将下嵌线缝光与袋布缉牢。

质量要求：

（1）袋口两端三角位置正确，正面要求四角方正、清晰。

（2）左右口袋高低、位置、长度一致。

4. 做袋布

按袋口位置装垫袋布，并将垫袋下口固定在下袋布。勾缝袋布，修剪缝份至 0.2 cm，再翻烫平整。翻起袋布，上口与腰头平齐，将裤片翻起，来回四道缉封三角，不断线转过 90°，沿上嵌线原缉线缉住袋布至另一侧，再转过 90°，把另一侧三角封住，袋口封线整体呈"门"字形，如图 8-32 所示。再整理袋布边缘，包足嵌线及垫袋，压缉 0.5 cm 明线。最后将上口与腰线在缝份以内固定，如图 8-33 所示。

质量要求：

（1）垫带位置准确，线迹工整均匀。

（2）袋布上下平服。

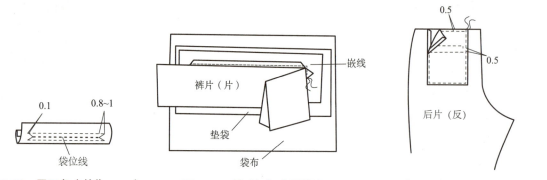

图 8-31　开三角（单位：cm）　　　图 8-32　封"门"字形线迹　　图 8-33　固定上口与腰线（单位：cm）

（五）做、装门里襟

1. 合侧缝

（1）合外侧缝。后片在下，前片在上，按缝份 1 cm 缉缝，起止打倒回针，如图 8-34 所示。

（2）合内侧缝。后片在下，前片在上，按缝份 1 cm 缉缝，起止打倒回针，如图 8-35 所示。

（3）马凳上将侧缝劈缝烫平，再将下裆缝劈缝烫平。

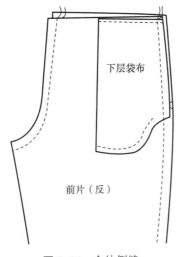

图 8-34　合外侧缝　　　　　　　图 8-35　合内侧缝

2. 熨烫裤中线

（1）熨烫前片裤中缝。将裤子翻至正面，对齐侧缝与下裆缝，并熨烫平整；再将前片裤中线熨烫平整。

（2）熨烫后片中缝，并归拔后裤片。

（3）固定袋布与腰头。

质量要求：

（1）缝份宽窄一致，整齐、美观。

（2）外观平整服帖。

3. 做、装门里襟

（1）做里襟，再翻烫平服，如图 8-36 所示。

（2）合小裆，缉缝到拉链止点处，如图 8-37 所示。

（3）装门襟，将门襟与左裤片正面相对，缉缝固定，缝份 0.8 cm。再将缝份倒缝固定，压缉 0.1 cm 明线，如图 8-38 所示。

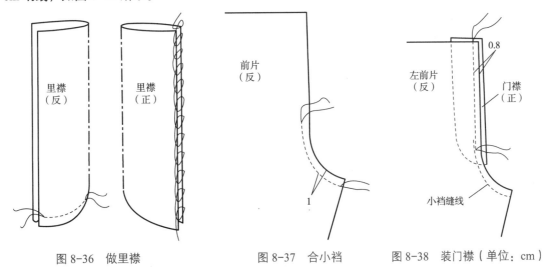

图 8-36　做里襟　　　　　图 8-37　合小裆　　　图 8-38　装门襟（单位：cm）

质量要求：

（1）熨烫止口要均匀。

（2）左裤片虚出门襟 0.15 ~ 0.2 cm，不反吐。

4. 装拉链

（1）拉链装于右裤片上，止点位置对准，如图 8-39 所示。

（2）烫门襟，保持裤片与门襟的里外容量。

（3）绱里襟，将里襟按拉链止点放好，置于底层，拉链夹于其中，按照前一道缝线缉缝绱里襟，如图 8-40 所示。

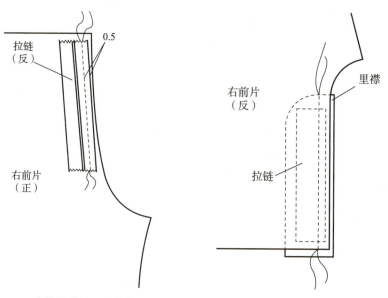

图 8-39　右裤片装拉链（单位：cm）　　　　图 8-40　绱里襟

（4）门襟盖过里襟 0.3 cm，确定拉链与门襟的最佳位置，并暂时虚缝固定，如图 8-41（a）所示。翻开右裤片在门襟上装拉链，并重复缉缝双道缝线加固，如图 8-41（b）所示。

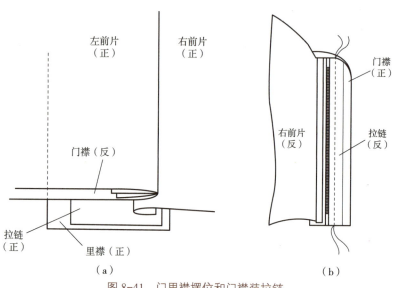

（a）　　　　　　　　　　（b）

图 8-41　门里襟摆位和门襟装拉链
（a）门里襟摆位；（b）门襟装拉链

质量要求：

（1）缝份准确，拉链不松不紧。

（2）右前片比前里襟凸出 1 cm 的止口。

（3）拉链位置准确，左右裤片闭合后服帖，门里襟保持面虚出底的状态。

5. 缉门襟明线

（1）按净样板在左裤片正面缉门襟明线，同时缉缝住门襟，如图8-42所示。

（2）固定门里襟，在裤子内部，将门里襟最下端缉缝固定，如图8-43所示。

（3）熨烫门里襟。

质量要求：

（1）线迹宽窄均匀、圆顺。

（2）门里襟平整、服帖。

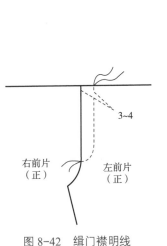
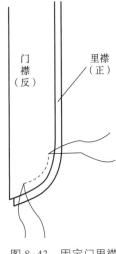

图 8-42　缉门襟明线　　　　　图 8-43　固定门里襟

合侧缝、下裆缝，做装门里襟

（六）做腰、装腰

1. 合后裆缝

（1）合后裆缝，按照后裆缝的净样板，缝份准确，如图8-44（a）所示。

（2）将后裆缝劈缝烫平，如图8-44（b）所示。

质量要求：

（1）缝份宽窄一致。

（2）十字裆缝位置准确。

做腰、装腰

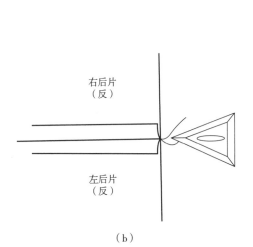

（a）　　　　　　　　　　　　　　　（b）

图 8-44　合后裆缝、烫后裆缝

（a）合后裆缝；（b）烫后裆缝

2. 做腰

（1）做腰头面：按样板将前、后腰头面连接，如图 8-45 所示。

（2）做腰头里。

（3）扣烫腰头下口，如图 8-46 所示。

（4）勾腰头面、里上口，缝份倒向腰里，缉缝坐势 0.2 cm，如图 8-47（a）所示。

（5）扣烫腰头，弧形腰头不能拉伸变形，如图 8-47（b）所示。

质量要求：

（1）严格按缝份缉缝，保障腰头面、里尺寸准确。

（2）正面不露腰里。

（3）腰头熨烫不拉还变形。

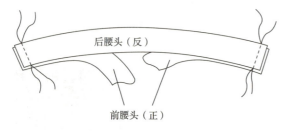

图 8-45　做腰头面

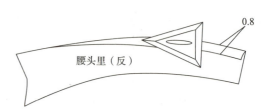

图 8-46　扣烫腰头（单位：cm）

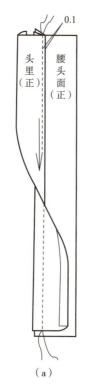

（a）

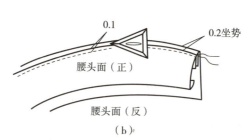

（b）

图 8-47　勾腰头、扣烫腰头（单位：cm）

（a）勾腰头；（b）扣烫腰头

3. 装腰

（1）做带袢，装带袢，位置要准确，左右对称。

（2）从左腰头装腰，对准各对位点。

（3）缉封带袢：将带袢向上翻正，上口离腰口 0.3 cm，缉线 0.5 cm，再按折痕扣倒 0.6 cm，将毛边压住，在带袢反面沿折线缉线 4 道，将带袢上口封牢。

（4）封腰头，左、右腰头止口缉缝。

（5）熨烫腰头，放于烫台上熨烫平整。

（6）缉腰头明线。

质量要求：

（1）腰头、里襟上下平直，无止口反吐现象。

（2）注意左、右裤片装腰时腰头高度相同。

（3）保持上、下层腰头一致，松紧适宜，平服，不变形。

（4）腰里封牢。

（5）熨烫服帖。

（七）整理，整烫

1. 繰脚口

将裤子反面翻出，按照脚口线钉将贴边扣烫准确，先用线沿边撩住，然后用本色线沿锁边线将贴边与大身繰牢，可用三角针法或繰针针法。

质量要求：

（1）缝份均匀，针距为 0.4 ～ 0.5 cm。

（2）缝线松紧适宜，面、里平服不起皱。

2. 锁眼、钉扣

袋嵌线下 1 cm 居中锁圆头眼一只，扣眼直径宽为 1.8 cm，垫袋相应位置钉纽扣一粒，直径为 1.5 cm。

质量要求：

（1）位置准确。

（2）不能暴口。

3. 整烫

（1）烫裤子的反面，在裤子的反面喷水，将侧缝和下裆分开拉伸烫平，不使裤子皱缩，把袋布、腰里烫平。

（2）熨烫裤子的上部，将裤子翻到正面，垫上烫干布或拧干的湿布，将省缝、折裥、门襟、里襟、腰里、腰面烫平，再烫斜袋口，后袋嵌线。烫脚口，上盖水布将其烫平烫薄。

（3）烫裤中线，将下裆缝和侧缝对齐摆平，先烫下裆缝，再烫烫迹线。

（4）后裤片臀部要推出胖势，横裆处后隆门撑挺，横裆上端下后挺缝适当归拢。

三、女西裤质量标准

（一）经纬向技术规定

（1）裤前片：以裤中线为准，臀围线下偏斜 ≤ 0.5 cm，条格面料不允许偏斜。

（2）裤后片：经纱以后片裤中线为准，中裆线以下偏斜 ≤ 1.0 cm。

（3）腰头：经纱偏斜 ≤ 0.3 cm，条格面料不允许偏斜。

（4）条格面料纬斜 ≤ 2%。

（二）对条、对格要求（面料明显的条格，在 1.0 cm 以上适用）（表 8-2）

表 8-2　西裤对条、对格规定　　　　　　　　　　　　　　　单位：cm

序号	部位名称	对条、对格规定
1	裤侧缝	侧缝袋口下 10 cm 处，格料对横，互差 ≤ 0.2 cm
2	后裆缝	格料对横，互差 ≤ 0.3 cm
3	袋盖与大身	条格对条，格料对横，互差 ≤ 0.2 cm

（三）拼接要求

腰头面、里允许拼接一处，男裤接缝在后中缝处，女裤（裙）接缝在后中缝或侧缝处（弧形腰头除外）。

（四）缝制要求

（1）常规女西裤针迹密度要求见表 8-3。

表 8-3　常规女西裤针迹密度要求

序号	项目		针迹密度	备注
1	明线、暗线		11 ～ 14 针 /3 cm	—
2	包缝线		≥ 10 针 /3 cm	—
3	手工线		≥ 7 针 /3 cm	—
4	三角针	腰口	≥ 9 针 /3 cm	以单面计算
		脚口	≥ 6 针 /3 cm	
5	锁眼	细线	11 ～ 14 针 /1 cm	—
		粗线	≥ 9 针 /cm	—
6	钉扣	细线	每孔 ≥ 8 根线	缠脚线高度与止口厚度相适应
		粗线	每孔 ≥ 4 根线	

（2）各部位线迹顺直、整齐、结实，无连根线头，拉链平服。

（3）上下线松紧得当，无跳线、浮线、断线，起始打倒回针，底线不外露。

（4）侧缝袋口下端打结处以上 5 cm 至以下 10 cm 范围内，下裆缝上 1/2 处，后裆缝、小裆缝缉两道线，或用链式线迹打结。

（5）口袋的垫带布要折光或包缝。

（6）袋口两端封口应整洁、牢固。

（7）锁眼定位准确，扣子与纽眼对位整齐牢固。纽脚高低适宜，线结不外露。

（8）商标、标识唛头位置准确，表面清晰、准确。

（9）明线和链式线迹不允许跳针，明线不可以接线，其他缝纫线迹在 30 cm 内不得有两处跳针，不得脱线。

（五）外观质量要求

（1）整洁平挺，规格准确，误差在允许范围内。

（2）衬平服，松紧适宜。

（3）襟：面、里、衬平服，松紧适宜。门襟不短于里襟，长短互差 ≤ 0.3 cm。

（4）后裆：圆顺平服，裆底十字缝互差 ≤ 0.2 cm。

（5）裤带袢：长短、宽窄一致，位置准确，前后互差 ≤ 0.4 cm，高低互差 ≤ 0.2 cm。

（6）口袋：左、右口袋高低一致，互差 ≤ 0.5 cm，袋口顺直平服，袋布缝制牢固。

（7）裤腿：两裤腿长短、肥瘦互差 ≤ 0.3 cm。

（8）脚口：左、右脚口大小互差 ≤ 0.3 cm，吊脚 ≤ 0.5 cm，脚口边缘顺直平服。

四、任务评价

评价项目及要求		任务完成情况记录（学生自评）	存在问题及成绩评定（教师评定）
规格	裤长规格公差在 ±1.5 cm 内		
	腰围规格公差在 ±1 cm 内		
	臀围规格公差在 ±2 cm 内		
工艺要求	各部位缝制线迹顺直、整齐、平服、牢固		
	底、面线松紧适宜，无跳线、断线，起止倒回针缉牢		
	前、后裤片左右省道（褶裥）位置高低、宽窄一致		
	门、里襟平服，拉链松紧适宜		
	侧袋左右位置一致，明线顺直宽窄一致，袋口顺直平服，袋布缝制牢固		
	后开袋位置正确，平服美观，袋口方正不毛漏		
	装腰平服不起涟，扣子与眼对位、整齐牢固		
	裤带袢长短、宽窄一致，位置准确，前后互差 ≤ 0.4 cm，高低互差 ≤ 0.2 cm		
熨烫、整理	外观整洁平挺，无线毛		
	手针牢固，松紧适宜，正面不透线迹		
	粘粘合衬的部位不允许有脱胶、渗胶和起皱		
	各部位熨烫平服、整洁，无烫黄、水渍和极光		
其他	节约面料，有效利用服装材料		
	安全生产，规范操作意识		
	一丝不苟完成不同工序		
完成时间		总分	

任务三　女西服制作工艺

任务名称	女西服制作工艺	

任务要求：根据给定的款式（图8-48）和工艺参数、工艺标准，完成女西服的制作工艺，要求掌握铺料、排料、划样、裁剪等相关知识，具备操作技能，熟练掌握方法和技巧；掌握相关部件制作方法、加工顺序、质量标准、工艺加工名词和术语、整理整烫方法及操作技巧等，并反复训练，理解裁片的配置组合关系，掌握制作方法和要领，能够灵活应用、举一反三

<table>
<tr><td colspan="2">规格尺寸表</td><td>单位：cm</td></tr>
<tr><td>部位</td><td>规格</td><td>公差</td></tr>
<tr><td>号型</td><td>160/84A</td><td></td></tr>
<tr><td>衣长</td><td>64</td><td>±1</td></tr>
<tr><td>胸围</td><td>94</td><td>±2</td></tr>
<tr><td>肩宽</td><td>39</td><td>±0.6</td></tr>
<tr><td>袖长</td><td>58</td><td>±0.7</td></tr>
<tr><td>袖口</td><td>12.5</td><td>±0.2</td></tr>
<tr><td>翻领宽</td><td>3.5</td><td>0</td></tr>
<tr><td>领座宽</td><td>2.5</td><td>0</td></tr>
<tr><td></td><td></td><td></td></tr>
<tr><td></td><td></td><td></td></tr>
<tr><td></td><td></td><td></td></tr>
</table>

款式说明：本款女西服为合体类型，平驳头，单排三粒扣；前、后片设公主线分割，前片收腰省，左右各装双嵌线带袋盖大袋一个，圆下摆；后片开背缝，下摆处背衩；圆装两片袖，袖口开衩，钉5粒扣，装夹里

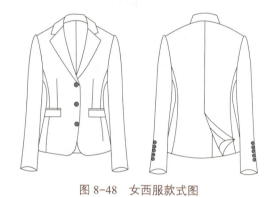

图 8-48　女西服款式图

工艺要求：

1. 面料裁剪前检查色差和疵点，经预缩处理。

2. 成品符合规格尺寸，误差不超过公差范围。

3. 粘衬部位：前衣片、前马面、挂面、翻领、领座、大小袖口、前后马面底摆、后片底摆、袖口开衩位、背衩位、大袋盖面、大袋嵌线（袋牙）。

4. 针号9#，针迹密度为14针/3 cm。

5. 衣身竖向缝份后马面缝份为1.2 cm，后中为2 cm缝头，其余为1 cm。

6. 夹里缝份竖向为1 cm，留0.2 cm的余度，后中为1 cm缝头，留2 cm的余度，其余均为1 cm。

7. 大袋袋盖为面料，袋盖里采用里料。

8. 衣身扣眼位为2.6 cm圆眼，夹芯线，先切后锁。

9. 左、右袖开衩各锁三个1.8 cm的圆眼。

10. 面料、夹里松紧一致，外观平服美观

一、女西服制作前准备

（一）女西服面料排料图

女西服面料排料图如图8-49所示。

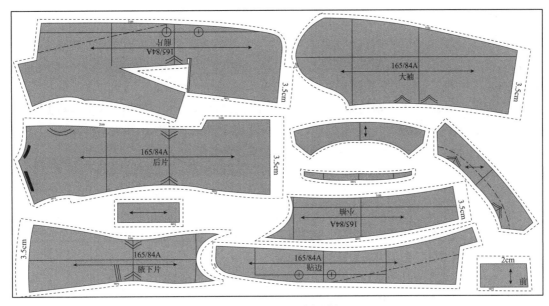

图 8-49　女西服面料排料图

（二）女西服里料排料图

女西服里料排料图如图 8-50 所示。

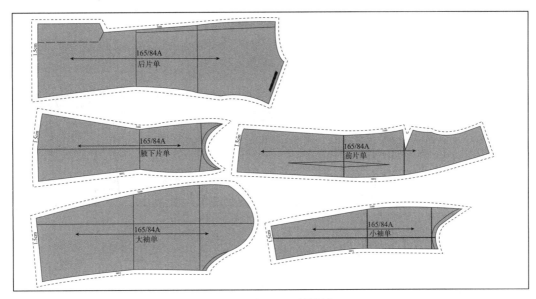

图 8-50　女西服里料排料图

（三）用料计算

（1）面料幅宽为 144 cm，采用双幅排料，用料量为衣长 + 袖长 +15 cm。如果胸围超过 116 cm，用料量为 2 衣长 +10 cm。条格面料另外 +2 ~ 3 个完整格。建议选择毛混纺织物或化纤仿毛织物。

（2）里料：宜选用柔软、光滑、吸湿透气的人丝美丽绸、涤丝美丽绸、涤丝绸、醋酸纤维里子绸等化纤仿丝绸织物及绢丝纺、电力纺等真丝织物，涤丝绸或醋纤里子绸较为经济实用。用料量为衣长 + 袖长 +5 ~ 10 cm。

（四）用料准备

（1）面料：前衣片2片，前马面2片，后衣片2片，后马面2片，挂面2片，大袖2片，小袖2片，翻领面、领座各1片，翻领底、领座各1片，大袋袋盖面2片，嵌线（袋牙）2片，袖隆条2片，大袋下层袋布（本料不需垫袋布）。

（2）里料：前衣片2片，前马面2片，后衣片2片，后马面2片，大袖2片，小袖2片，大袋袋盖夹里2片，大袋上层袋布。

（3）衬料：有纺衬1 m，无纺衬若干，直牵条、斜牵条若干。

（4）辅料：垫肩1副，直径2 cm纽扣3个，直径1.5 cm纽扣6个，裁剪、缝纫工具及对色线等。

（五）做缝制标记

（1）前片：驳口线、省位线、扣位、腰节线、底边线、大袋位、装袖点、装领点。

（2）后片：背缝线、腰节线、底边线、装袖点。

（3）袖片：袖山中点、装袖对刀点、合袖缝对刀、袖肘线、袖衩位、袖口折边。

（4）领片：后领中点、装领点。

（5）挂面：驳口线、装领点。

（六）粘衬

如图8-51所示，粘有纺衬的部位有前、后片的下摆贴边，后片的开衩部位；粘无纺衬的部位有后片的上拉链部位；粘腰衬的部位有腰头。

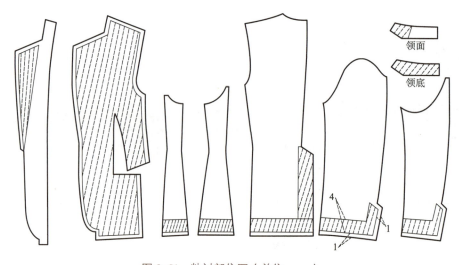

领面

领底

图 8-51　粘衬部位图（单位：cm）

二、工艺分析及质量要求

（一）制作前准备

1. 裁剪

（1）按排料要求裁剪面料、里料。

（2）注意用料方向和面料的正反面。

（3）做好对位标记。

（4）妥善保管好裁片。

质量要求：

（1）缝份、缝边准确。

（2）缝份均匀，剪口缝份 0.3 cm。

2. 粘衬

（1）可用粘合机，也可手工熨烫。

（2）粘合机烫衬根据面料选用相关参数。

质量要求：

（1）烫衬粘实、粘牢，不起泡，不变形。

（2）分清正反面，粘衬不能超出缝份。

（二）收胸省，做大袋

1. 收胸省

（1）合挂面与夹里，夹里放在上层按缝份缉缝，胸省位要对准，再合上马面夹里，如图 8-52 所示。

（2）熨烫时，夹里缝份倒向挂面，留出 0.2 cm 的眼皮。

质量要求：

（1）位置、尺寸准确。

（2）省道宽窄、高低一致。

（3）车缝线迹均匀，尾端留 2 ~ 3 cm 的线尾。

2. 画前止口净样，粘牵条

（1）用净样板画出止口、胸省的准确形状。

（2）门襟止口和下摆净线粘直纱牵条，弯度大处开剪口。

（3）驳口线、肩线粘牵条处粘直纱牵条，驳口线、肩头处略拉紧，如图 8-53 所示。

质量要求：

（1）止口、驳口线处粘直牵条。

（2）袖窿、领口粘斜牵条。

3. 做胸省

（1）缉胸省缝份时下层垫布，省位准确，如图 8-54 所示。

（2）将胸省劈缝烫平，烫平挂面与夹里的缝份。

（3）袋口处粘牵带便于开袋。

质量要求：

（1）保持胸省位置、长度不变。

（2）省要烫足、烫薄，省尖不能出酒窝。

4. 做袋盖

（1）画袋盖净样。

（2）做袋盖，袋盖里放在上层。

（3）净缝份，烫袋盖，先烫反面，再烫正面，如图 8-55 所示。

（4）扣烫嵌线（袋牙），如图 8-56 所示。

质量要求：

（1）注意做袋盖时的手法，保持完成后有自然的窝势。

（2）袋盖左右完成后比较长短、宽窄等完全一致。

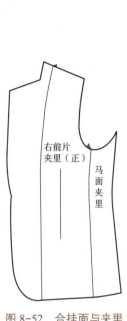

图 8-52　合挂面与夹里

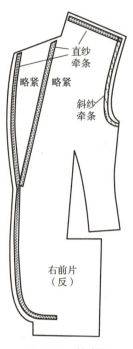

图 8-53　粘牵条

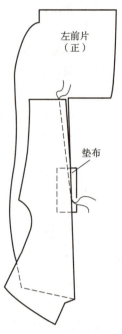

图 8-54　做胸省

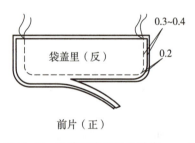

图 8-55　做袋盖净缝份（单位：cm）

图 8-56　扣烫嵌线（单位：cm）

5. 做大袋，装袋盖

（1）画出大袋的准确位置。

（2）缉缝双嵌线，将 1 cm 宽袋牙对正袋位上端，缝线缉牢，起止倒回针；袋牙下缉缝时起止与上袋牙对齐，如图 8-57（a）所示。

（3）沿双嵌线中间袋位线剪开向嵌线端开三角，如图 8-57（b）所示。

（4）折转袋牙，封三角。

（5）装袋盖时先确定袋盖与袋口的规格是否一致，用双面胶粘到反面，如图 8-58 所示。

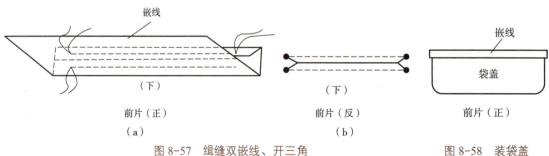

图 8-57　缉缝双嵌线、开三角
（a）缉缝双嵌线；（b）开三角

图 8-58　装袋盖

质量要求：

（1）位置准确，二道线间距为 1 cm。

（2）线迹两端倒回针回牢。

（3）缝止点要留出 0.1 cm 不剪断。

（4）袋口两端三角位置正确，正面要求四角方正、清晰。

6. 合袋布

（1）装袋布，上层袋布与下嵌线连接。

（2）下层袋布与上嵌线连同袋盖一起固定，门字线迹缉牢。

（3）缉缝袋布止口缉牢，如图 8-59 所示。

质量要求：

（1）袋盖位置准确，与嵌线松紧适宜。

（2）左右大袋高低、宽窄一致。

（3）线迹平服美观。

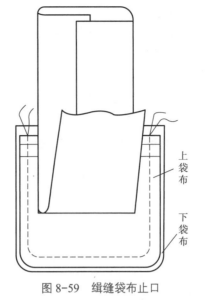

上袋布

下袋布

图 8-59　缉缝袋布止口

收胸省，做大袋

（三）作后背

1. 合后背缝

（1）合后背缝，缝至开衩止点打倒回针，如图 8-60 所示。

（2）合后背夹里，缝份 1 cm。缝至开衩止点，开剪口，将门襟、里襟合缝，如图 8-61 所示。

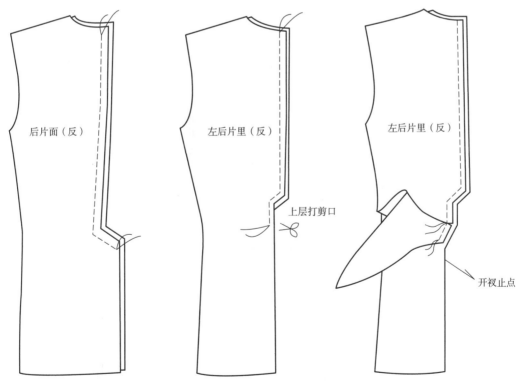

后片面（反）

左后片里（反）

左后片里（反）

上层打剪口

开衩止点

图 8-60　合后背缝　　　　　　图 8-61　合后背夹里

（3）烫台上劈缝烫平后背缝，开衩止点处左后片开剪口缝份向右后片坐倒，如图 8-62 所示。

（4）扣烫底摆，右后片包住左后片，留出余量。

质量要求：

（1）开衩位置准确，倒针回牢。

（2）夹里剪口到位，不毛不露，外观整齐、美观。

（3）后背衩门里襟（右后片与左后片）关系得当，平整、服帖。

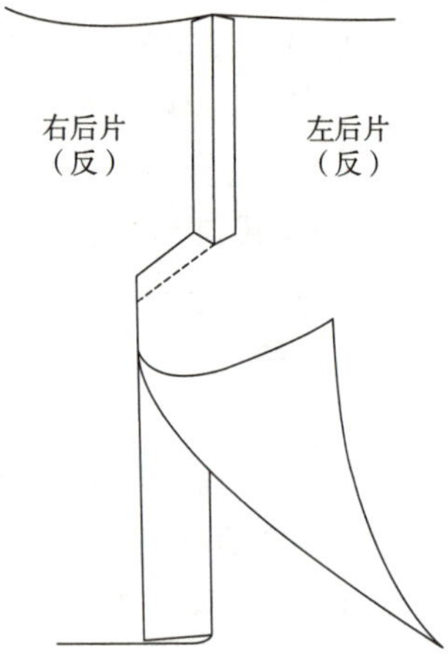

2. 作后背开衩

（1）先做右后片，按折痕作出衩角，如图 8-63 所示。

（2）缝合左后片与夹里的底摆，如图 8-64 所示。

（3）缝合右后片与夹里，按照左后片底摆的位置缝合底摆，如图 8-65 所示。

质量要求：

（1）可以用交点 45° 斜线放出缝份做衩角。

（2）底摆位置准确，夹里与大身平服，不豁、不吊。

3. 熨烫开衩

（1）先反面熨烫，再翻至正面，工整平服。

（2）烫后背，面里松紧适宜，服帖、美观，如图 8-66 所示。

质量要求：

（1）后背开衩平服无折痕。

（2）左、右片搭合得当，门襟比里襟长 0.2 cm。

图 8-62　烫后背缝

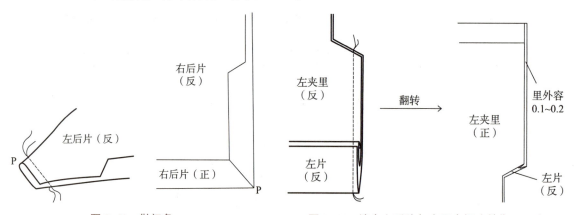

图 8-63　做衩角

图 8-64　缝合左后片与夹里底摆（单位：cm）

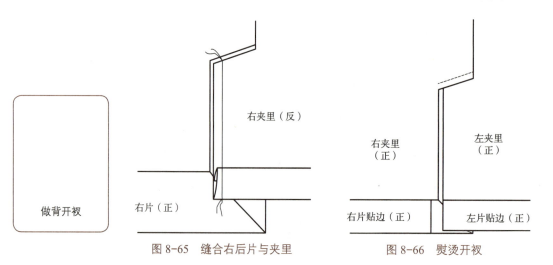

图 8-65　缝合右后片与夹里

图 8-66　熨烫开衩

（四）做前片，合肩缝、合侧缝

1. 做前片止口

（1）前片在上，挂面在下，按缝份缉缝，如图 8-67 所示。

（2）净缝份，驳口线向下净挂面缝份，向上净大身缝份成层势，圆角保留 0.2 cm。

（3）翻烫止口，领角翻足，圆角翻薄，作出止口的里外容量。

（4）折扣底摆，并固定底摆与夹里，缝份进行牵挂。

质量要求：

（1）缝串口线注意驳领处的手势，作出里外容量。

（2）制作前用净样板画出止口的准确形状。

（3）完成后左右止口、驳头造型一致，里外容关系正确。

2. 合侧缝

（1）后侧片在上，与后片缝合。

（2）合夹里时，缝份 0.8 cm，留出夹里的眼皮量。

（3）烫缝：马凳上劈缝烫平缝份。

（4）粘牵条：袖窿等处粘斜牵条，粘时略带紧防拉伸变形。

（5）合后侧缝时，夹里保持 0.2 cm 的松量，如图 8-68 所示。

质量要求：

（1）眼皮量保持夹里一定的舒适量。

（2）完成后前后片、面料与夹里服帖，松紧适宜。

3. 合肩缝

（1）合肩缝时，后肩缝在下，按对位标记吃进余量，如图 8-69 所示。

（2）劈缝烫平，夹里肩缝倒向后肩。

做前止口、合肩
缝、侧缝

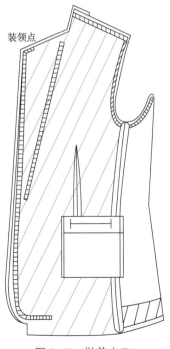

图 8-67　做前止口

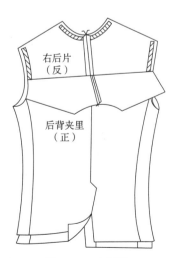

图 8-68　合侧缝

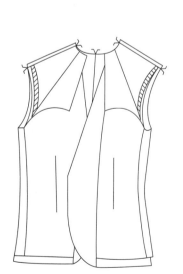

图 8-69　合肩缝

4. 合底摆与夹里

（1）合底摆与夹里缝份。

（2）熨烫后背底摆。

质量要求：

（1）肩部造型平挺饱满。

（2）底摆烫平，不拉还。

（3）熨烫后面料夹里工整、服帖。

做领、装领

（五）做袖子

1. 合外袖缝

（1）大袖在上，小袖在下，缝份 1 cm，缝至开衩止点倒回针缉牢，如图 8-70（a）所示。

（2）烫袖，在马凳上将外袖缝（后）劈缝烫平。

（3）袖衩处小袖开剪口缝份倒向大袖，如图 8-70（b）所示。

（4）扣烫袖底摆，按净线扣烫，注意门襟包住里襟，作出余量。

质量要求：

（1）大袖有一定的拔出量。

（2）剪口开到位，位置准确。

（3）袖下口门襟虚出里襟 0.2 cm。

2. 做袖衩角

（1）大袖衩角折合位置，缉缝袖衩、底摆折线，如图 8-70（c）所示。

（2）翻出折角熨烫。

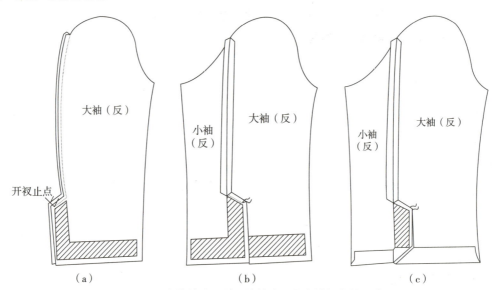

图 8-70　合外袖缝、熨烫外袖缝、大小袖衩角的配合

（a）合外袖缝；（b）熨烫外袖缝；（c）大小袖衩角的配合

质量要求：

（1）折合点位置准确，倒针缉牢。

（2）折角翻足烫平，开衩底摆不拉还。

3. 做夹里

（1）合外袖缝，缝至开衩止点，大袖开剪口与小袖夹里缝合，如图 8-71 所示。

（2）熨烫袖缝，倒向大袖，留出余量 0.2 cm。

质量要求：

（1）大袖与夹里缝合位置准确，线迹顺直。

（2）正反面外观平整美观。

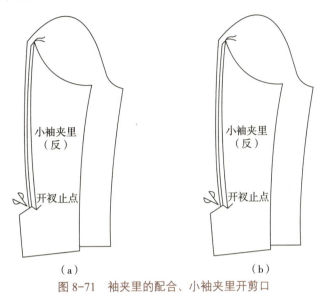

（a）　　　　　　　　　（b）

图 8-71　袖夹里的配合、小袖夹里开剪口

（a）袖夹里的配合；（b）小袖夹里开剪口

4. 做袖衩面料与夹里

（1）合小袖夹里与小袖底摆［图 8-72（a）］。

（2）按小袖袖口折边定出小袖夹里的位置。

（3）缝合小袖与夹里袖衩［图 8-72（b）］。

（4）缝合大袖与夹里开衩，起点位置准确，缝至夹里衩角处要开剪口［图 8-72（c）］。

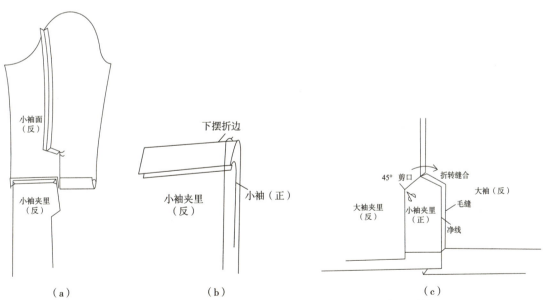

（a）　　　　　　　　　（b）　　　　　　　　　（c）

图 8-72　合小袖夹里与底摆、合小袖夹里袖衩和合大袖夹里袖衩

（a）合小袖夹里与底摆；（b）合小袖夹里袖衩；（c）合大袖夹里袖衩

（5）缝合大袖与夹里底摆。

（6）熨烫袖子。

（7）定扣眼位。

质量要求：

（1）小袖夹里与面料衩角翻足。

（2）剪口位置准确，袖身与夹里缝合工整、平服。

（3）左、右袖片对称一致。

（4）扣眼位用定位样板画出，位置准确。

5.合前袖缝

（1）大袖在上，小袖在下，缝份 1 cm。

（2）合夹里前袖缝，缝份 1 cm，熨烫袖缝，倒向大袖，留出余量 0.2 cm，如图 8-73 所示。

做袖子

图 8-73　合前袖缝

（3）熨烫袖子。

（4）合袖底摆，将夹里与袖缝缝份牵挂。

质量要求：

（1）缝份均匀，宽窄一致。

（2）牵挂后袖子与夹里位置稳定，易于穿脱。

（六）做领、装领

1.做领

（1）装领前用净样板画出翻领、底领的准确形状。

（2）做翻领：按净线将领面的翻领、领座缝合，缝份 0.6 cm，翻至正面清止口 0.1 cm 明线，如图 8-74 所示。

（3）做底领：按净线将底领的翻领座缝合，缝份 0.6 cm，翻至正面清止口 0.1 cm 明线。

质量要求：

（1）翻领、底领位置准确，对位标记清楚。

（2）明线线迹工整、顺直、美观。

（3）翻领、底领左右对称不拉还。

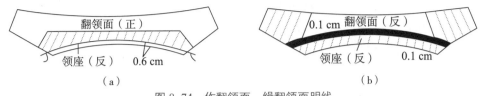

图 8-74　作翻领面、缉翻领面明线

（a）作翻领面（单位：cm）；（b）缉翻领面明线（单位：cm）

2. 做领子

（1）将翻领、底领合缝，底领在上，翻领在下，对齐眼刀。

（2）净缝份，领角劈 45° 斜势，缝份净出层势。

（3）翻烫领子，外观平服、整齐、有窝势。

质量要求：

（1）注意作翻领领角时的手势，形成自然的卷曲。

（2）完成后的翻领、底领左右对称，翻领虚出领座。

3. 装领

（1）装领面。自串口线装领点开始装领，缝至拐角处挂面开剪口转出缝份。再装领底，采取分缝装领的方法减少装领厚度，如图 8-75 所示。

（2）净缝份后烫领，分缝熨烫，急转弯处可打剪口熨烫，如图 8-76 所示。

（3）固定领口缝份，注意位置准确。

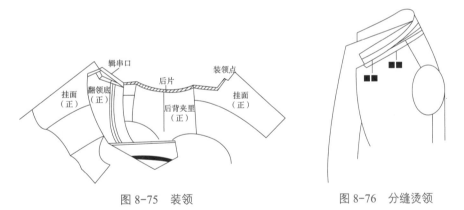

图 8-75　装领　　　　　　　　　　图 8-76　分缝烫领

质量要求：

（1）装领位置准确，缝线宽窄一致。

（2）剪口位置准确，缝份宽窄一致，领面、领底装领位置相同。

（3）净缝份要净薄，保持领口缝份、熨烫到位。

（七）装袖

1. 装袖

（1）抽袖包，可采用多种方法。

（2）装面身袖，对准绱袖对位点，按缝份装好，如图 8-77 所示。

（3）烫袖。

（4）装袖窿垫条：在袖山头装袖窿垫条，使袖山头更加饱满、圆顺，如图 8-78 所示。

装袖

质量要求：

（1）抽袖包方法不同，完成后左右袖片吃量、袖型一致，造型符合人体手臂结构。

（2）装袖缝份宽窄一致，线迹美观、牢固。

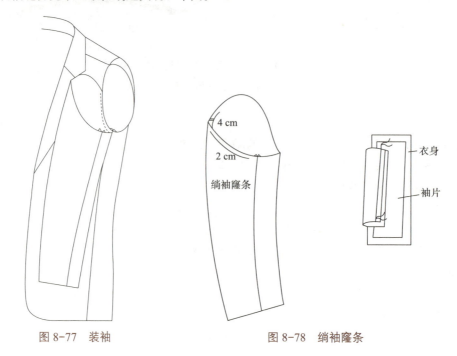

图 8-77　装袖　　　　　　　　　　　图 8-78　绷袖窿条

2. 装垫肩

（1）垫肩对折，对好肩端点位置，用手针扎牢。

（2）装袖夹里时，按绷袖点 1 cm 缝份装好。

（3）垫肩与袖山头缝份牵挂。

质量要求：

（1）垫肩松紧适宜，左右一致。

（2）完成后袖子外观、里面平服、美观。

三、女西服质量标准

（一）外观质量检验

（1）外观无线头、线钉、污渍、色差，粘衬各部位不起泡、不渗胶、不脱胶。

（2）衣身面、里、衬松紧适宜，外观自然。

（3）领型左右对称，领尖、驳角服帖，领嘴大小一致。

（4）领窝圆顺、平服，领尖与串口线连接顺直，定缝平整。

（5）绷袖圆顺、饱满，吃势均匀，两袖前后长度一致。

（6）袖衩长短、大小一致，袖扣两边对称。

（7）衣身胸部饱满、挺括自然、位置适宜对称，门、里襟长短一致，止口顺直，不搅不豁。

（8）省缝顺直、平整、左右对称、长短一致，左右大袋前后、高低对称，嵌线宽窄一致，袋口方正，无毛边冒出。

（9）垫肩平服，肩缝自然固定，左右对称。

（10）后身平服、不起吊，若有开衩则要求平服、顺直，不豁、不搅、不翘，开衩长短符合标准。

（11）各部位熨烫平整，无极光、水花、烫迹、印痕。

（二）衣里质量检验

（1）主标、洗涤标、号型位置正确。洗涤标一般固定在里袋下方，也可固定在左侧缝衣里缝中，距离底边 20 cm 左右。

（2）套结袋口、袋布固定，挂面缝固定。

（3）衣里、袖口里无下垂外露。

（三）经纬纱向规定

（1）前身：纱向以领口宽线为准，不允许歪斜。

（2）后身：经纱以腰节下背中线为准，偏斜 ≤ 0.5 cm，条格面料不允许偏斜。

（3）袖子：经纱以前袖缝为准，大袖片偏斜 ≤ 1.0 cm，小袖片偏斜 ≤ 1.5 cm，特殊工艺形式除外。

（4）领面：纬纱偏斜 ≤ 0.5 cm，条格面料不允许偏斜。

（5）袋盖：与大身纱向保持一致，斜料左右对称。

（6）挂面：以驳头止口除经纱为准。

（四）对条、对格要求（面料明显的条格，在 1.0 cm 以上适用，特殊工艺设计除外）（表 8-4）

表 8-4　女西服对条、对格规定　　　　　　　　　单位：cm

序号	部位名称	对条、对格规定
1	左、右衣身	条格对条，格料对横，左右互差 ≤ 0.3 cm
2	手巾袋与前身	条格对条，格料对横，互差 ≤ 0.2 cm
3	大袋与衣身	条格对条，格料对横，互差 ≤ 0.3 cm
4	袖与前身	袖肘线以上与衣身格料对横，互差 ≤ 0.5 cm
5	袖缝	袖肘线以下后袖缝格料对横，互差 ≤ 0.3 cm
6	背缝	以上部为准，条料对称、格料对横，互差 ≤ 0.2 cm
7	背缝与后领面	条料对齐，互差 ≤ 0.2 cm
8	领子、驳头	条格料左右对称，互差 ≤ 0.2 cm
9	侧缝	袖窿以下 10 cm 处格料对横，互差 ≤ 0.3 cm
10	袖子	条格顺直，以袖山为准，两袖互差 ≤ 0.5 cm

（五）缝制针距密度规定（表 8-5）

表 8-5　常规女西装针迹密度要求

序号	项目	针迹密度	备注
1	明暗线	11 ~ 13 针 /3 cm	—
2	包缝线	≥ 9 针 /3 cm	—
3	手工线	≥ 7 针 /3 cm	—
4	三角针	≥ 5 针 /3 cm	以单面计算

序号	项目		针迹密度	备注
5	锁眼	细线	12～14 针 /cm	—
		粗线	≥ 9 针 /cm	—
6	钉扣	细线	≥ 8 根线 / 孔	缠脚线高度与止口厚度相适应
		粗线	≥ 4 根线 / 孔	
7	手拱止口 机拱止口		≥ 5 针 /3 cm	—

（六）成品质量要求

（1）成品规格正确，各部位的误差要在允许的范围内；外形美观挺括，条格花型对准，左右两边对称和合。

（2）衣领服帖，驳头与领角窝服，串口顺直，里外平薄。

（3）肩头平服，中间略有凹势，外口呈翘势。

（4）大身丝绺顺直，胸部饱满，吸腰自然，省尖位置正确，长短进出应左右对称，止口平薄，下摆圆角窝服，大袋处略有胖势，有立体感。

（5）袖子圆顺，袖山饱满，吃势均匀，提伸自然。

（6）后背方登，摆缝正直不涟、不吊。

（7）里子无水印、无烫污，与衣身服帖、平服并略有层势。

四、任务评价

评价项目及要求		任务完成情况记录（学生自评）	存在问题及成绩评定（教师评定）
规格	衣长规格公差在 ±1 cm 内		
	腰围规格公差在 ±1 cm 内		
	胸围规格公差在 ±1 cm 内		
	肩宽规格公差在 ±0.5 cm 内		
	袖长规格公差在 ±0.5 cm 内		
工艺要求	各部位缝制线迹顺直、整齐、平服、牢固		
	衣身面、里、衬松紧适宜，外观自然		
	省缝顺直、平整、左右对称、长短一致		
	左右大袋前后、高低对称，嵌线宽窄一致，袋口方正，无毛漏，袋盖松紧适当，有飘势		
	后身平服、不起吊，若有开衩则要求平服、顺直，不豁、不搅、不翘		
	袖衩长短、大小一致		
	绱袖圆顺、饱满，吃势均匀，两袖前后长度一致		
	领型左右对称，领尖、驳角服帖，领嘴大小一致		
	衣身面、里、衬松紧适宜，外观自然		

续表

	评价项目及要求		任务完成情况记录 （学生自评）	存在问题及成绩评定 （教师评定）
熨烫、整理	外观无线头、线钉、污渍、色差，粘衬各部位不起泡、不渗胶、不脱胶			
	手针牢固，松紧适宜，正面不透线迹			
	各部位熨烫平整，无极光、水花、烫迹、印痕皱			
其他	节约面料，有效利用服装材料			
	安全生产，规范操作意识			
	精工细作，精益求精的质量意识			
完成时间			总分	

能量加油站

一、行业透视

扫描二维码，了解我国服装工艺基本技法，增加专业积累，开阔视野，了解我国服装的工艺技法，能应用到现代服装设计与制作中。

服装工艺基本技法

问题1：简述了解的服装工艺技法。
问题2：自主进行缝型训练，分析工艺组合形式，说出缝型、适用范围。

二、华服课堂

编结工艺是以天然纤维和化学纤维纺线为原料，使用棒针等工具进行的手工编结。编结工艺由远古时代的结网技术发展而来。公元前2000—前1500年，古埃及和北欧已有用类似结网技术编结成的衣裙。

据《后汉书》记载，中国汉代出现以五彩毛线编结而成的穗子，称为流苏，用作车马装饰。宋代帝王祭服上饰有流苏。明清两代妇女的云肩下缘饰有彩色流苏，清代官吏冠帽上也饰有流苏。19世纪中叶，欧洲的编结工艺传入我国，在现代的服装服饰设计中发挥了重要的作用。

编结基本技法

三、课后闯关

1. 理论练兵

扫描下方二维码，完成测试。

职业资格测试题

2. 技能实战

（1）专项突破。

1）口袋技能实战：分析以下口袋的部件准备、工艺流程，并完成口袋制作训练（图8-79）。

图 8-79　口袋技能实战

2）领型技能实战：分析以下领型的部件准备、工艺流程，并完成领型制作训练（图8-80）。

3）袖型技能实战：分析以下袖型的部件准备、工艺流程，并完成袖型制作训练（图8-81）。

图 8-80　领型技能实战　　　　　图 8-81　袖型技能实战

（2）综合突破。

1）缝制女半裙一条（图8-82）。

2）缝制女时装裤一条（图8-83）。

3）缝制女西服一件（图8-84）。

图8-82　女半裙实战

图8-83　女时装裤实战

图8-84　女西服实战

REFERENCES
参考文献

［1］陈霞 . 服装制作工艺与技术［M］. 北京：化学工业出版社，2014.

［2］周永祥，胡小清 . 女装结构纸样设计与应用［M］. 广州：华南理工大学出版社，2011.

［3］鲍卫兵 . 女装工业纸样［M］. 上海：东华大学出版社，2013.

［4］常元，杨旭 . 服装缝制工艺［M］. 北京：北京理工大学出版社，2019.